Python 预测分析实战

Hands-On Predictive Analytics with Python

[美] 阿尔瓦罗·富恩特斯（Alvaro Fuentes） 著

高蓉 李茂 译

人民邮电出版社

北　京

图书在版编目（ＣＩＰ）数据

Python预测分析实战 / （美）阿尔瓦罗·富恩特斯
（Alvaro Fuentes）著 ；高蓉，李茂译. -- 北京 ：人民
邮电出版社，2022.8
ISBN 978-7-115-56570-9

Ⅰ. ①P… Ⅱ. ①阿… ②高… ③李… Ⅲ. ①软件工
具—程序设计 Ⅳ. ①TP311.561

中国版本图书馆CIP数据核字(2021)第095977号

- ◆ 著 [美] 阿尔瓦罗·富恩特斯（Alvaro Fuentes）
     译 高 蓉 李 茂
     责任编辑 吴晋瑜
     责任印制 王 郁 焦志炜
- ◆ 人民邮电出版社出版发行 北京市丰台区成寿寺路 11 号
     邮编 100164 电子邮件 315@ptpress.com.cn
     网址 https://www.ptpress.com.cn
     北京七彩京通数码快印有限公司印刷
- ◆ 开本：800×1000 1/16
     印张：16 2022 年 8 月第 1 版
     字数：294 千字 2025 年 1 月北京第 5 次印刷
     著作权合同登记号 图字：01-2019-2391 号

定价：79.80 元
读者服务热线：(010)81055410 印装质量热线：(010)81055316
反盗版热线：(010)81055315
广告经营许可证：京东市监广登字 20170147 号

内容提要

本书先介绍预测分析的重要概念和原则，然后给出一系列的代码示例和算法讲解，引导读者了解完整的预测分析流程，进而用 Python 工具构建高性能的预测分析解决方案。全书所涵盖的内容包括预测分析过程、理解问题和准备数据、理解数据集——探索性数据分析、基于机器学习的数值预测、基于机器学习的类别预测、调整模型和提高性能、基于 Dash 的模型实现等。

本书适合想要学习预测建模并对用 Python 工具实现预测分析解决方案感兴趣的数据分析师、数据科学家、数据工程师和 Python 开发人员阅读，也适合对预测分析感兴趣的读者参考。

前言

预测分析是人工智能时代非常重要的技术之一。每一天，各行各业都在用预测分析技术解决各式各样的问题。预测分析的原材料是数据，但搜集数据的成本很高。因此，虽然预测分析的大量主流思想和技术早在几十年前就已出现，但预测分析一直发展得较为缓慢。直至近年来，数据的获取能力和存储能力获得了空前提升，预测分析的应用才迎来爆发。预测分析变得流行还有两个原因：一是计算能力的显著提高；二是许多开源软件项目的出现极大地降低了预测分析技术的使用门槛，使学术界以外的人士也可以使用这一强大的技术。例如这个项目——Python 编程语言及其分析库生态系统，也称为 Python 数据科学栈，就大大普及了高级分析技术的应用。

本书的主题是预测分析，其内容是与实际预测的分析过程紧密相关，而不限于算法和技术的详解。我们结合预测分析的实操示例，向你展示应用 Python 数据分析生态系统的主要技术和方法。本书主要使用两个项目贯穿整个预测分析过程，从商务业务实践和问题的理解到模型的开发，各个阶段均通过操作示例实现。

本书会介绍多种预测分析技术：统计模型、时间序列分析以及空间统计等。我们的关注重点是应用广泛的技术——机器学习，其中的监督学习是重点强调的部分。

本书认为，得到预测模型只是手段，不是目的。预测分析的目的是解决问题。因此，评价预测模型好坏的标准不应该是是否使用了最新和最时髦的技术，也不应该是评估模型本身是复杂还是简单。好的预测模型应该既能解决实际问题，操作起来又方便。我们的目标是，让你通过学习本书打好基础，随后能够使用预测分析解决实际问题。

本书的目标读者

本书的目标读者是数据科学家、数据工程师、软件工程师以及商业分析师。此外，金融和商业等量化领域需要从事数据处理工作的学生和专业人士，以及其他希望构建预测模型的人士，也会发现本书大有裨益。总之，我们希望可以通过本书帮助从事 Python 预测分析的所有人士。

本书的主要内容

第 1 章　预测分析过程　介绍预测分析的基本概念，说明预测分析过程的不同阶段，并概述本书会用到的软件。

第 2 章　理解问题和准备数据　介绍本书会涉及的问题和数据集，并展示建模的基础工作，以及如何收集数据和准备数据集。

第 3 章　理解数据集——探索性数据分析　展示借助数据可视化技术和其他数值技术从数据集中获取重要信息的过程。

第 4 章　基于机器学习的数值预测　介绍机器学习的主要思想、概念以及一些流行的回归模型。

第 5 章　基于机器学习的分类预测　介绍机器学习中一些重要的分类模型。

第 6 章　面向预测分析的神经网络简介　展示神经网络模型的构建过程。神经网络不但功能强大而且精度很高，广受欢迎。

第 7 章　模型评价　展示评价预测模型结果所需要的主要指标和方法。

第 8 章　调整模型和提高性能　介绍 k 折交叉验证等重要技术，这些技术可以改进预测模型的性能。

第 9 章　基于 Dash 的模型实现　展示交互式网络应用的构建过程，从用户处获取输入，再用训练好的预测模型生成预测。

预备知识

要获得最佳学习效果，你需要具备以下基础。

- 一定的 Python 编程能力。

- 基本的统计知识。

你需要先了解 Python 数据科学栈的知识，但这也不是必备条件。本书将使用 Python 3.6 和许多的主流分析库。获取这些库的简单方式是直接安装 Anaconda，Anaconda 是一个开源的 Python 发行版本。虽然这并不是必需的，但可以简化你的工作。请浏览 Anaconda 官网以了解这个软件的更多内容。

排版约定

本书所用的排版约定如下。

CodeInText：表示文本中使用的代码、数据库表名、文件夹名、文件名、文件扩展名、路径名、虚拟 URL、用户输入等内容。例如，"把下载的磁盘映像文件 WebStorm-10*.dmg 挂载到系统的另一个虚拟磁盘。"

代码块以如下样式显示：

```
carat_values = np.arange(0.5, 5.5, 0.5)
preds = first_ml_model(carat_values)
pd.DataFrame({"Carat": carat_values, "Predicted price":preds})
```

对于特殊的代码块，相关的行或者项目会被设置为粗体：

```
numerator = ((ccd['default']==1) & (ccd['male']==1)).sum()/N
denominator = Prob_B
Prob_A_given_B = numerator/denominator
print("P(A|B) = {:0.4f}".format(Prob_A_given_B))
```

命令行的输入和输出格式如下：

dim_features.corr()

黑体：表示新术语、重要的词或者屏幕上的词，比如文本中出现的菜单或对话框中的词。例如，"从**管理员**面板选择**系统信息**。"

 表示警告或重要注释。

 表示提示和技巧。

审阅者简介

Doug Ortiz 是一名经验丰富的架构师，擅长解决企业云、大数据、数据分析方面的问题，以及构建、设计、开发、重新设计并整合企业解决方案。他在亚马逊云服务、Azure、谷歌云、商业智能、Hadoop、Spark、NoSQL 数据库以及 SharePoint 等方面也有非常丰富的工作经验。

感谢我的妻子 Milla，感谢 Maria 和 Nikolay，感谢我们的孩子，感谢他们给予我的所有支持！

——Doug Ortiz

译者简介

　　高蓉，博士，毕业于南开大学，任教于杭州电子科技大学；研究领域包括资产定价、实证金融、数据科学应用；已出版多部著作，发表数篇论文；曾获浙江省教育科学规划课题（项目编号 2019SCG006）、浙江省教育厅科研项目（项目编号 Y201840396）、杭州电子科技大学校级高等教育教学研究改革项目（项目编号 ZDJG201907）资助、国家自然科学基金（项目编号 71671008、71303016）以及浙江省自然科学基金项目（项目编号 LY17G030033）资助。

　　李茂，毕业于北京师范大学，任教于天津理工大学；热爱数据科学，目前从事与统计和数据分析相关的教学和研究工作。

作者简介

阿尔瓦罗·富恩特斯（Alvaro Fuentes）是一位资深数据分析师，在分析行业的从业经验超过 12 年，拥有应用数学的硕士学位和数量经济学的学士学位。他在银行工作过多年，担任经济分析师。他后来创建了 Quant 公司，主要提供与数据科学相关的咨询和培训服务，并为许多项目做过顾问，涉及商业、教育、医药和大众传媒等领域。

他是一名 Python 的深度爱好者，有 5 年的 Python 工作经验，从事过分析数据、构建模型、生成报告、进行预测以及构建从数据到智能决策的智能转换交互式应用等工作。

目录

第 1 章　预测分析过程

本章主要内容

- 预测分析的内容。

- 预测分析的重要概念。

- 预测分析的过程。

- Python 数据科学栈的简单介绍。

这是本书介绍概念较多的部分。你或许希望直奔"编程建模"的主题，但要学习本书的内容，还是应该先理解预测分析的基本概念。在本章中，我们将介绍什么是预测分析，接着对这个热点领域中一些最重要的概念加以定义，然后介绍预测分析过程的各个阶段，并进行简单的讨论。在后续章节中，我们会围绕每个阶段的主题展开详细阐述。

1.1　技术要求

虽然本章大体上是属于概念性的，但是要读懂代码，请务必安装好下列软件。

- Python 3.6 或更高版本。

- Jupyter Notebook。

- 最新版本的 Python 库：NumPy 和 Matplotlib。

本书强烈推荐你安装 Anaconda。Anaconda 是一个开源的 Python 发行版本，其中包含大量的软件包。安装好 Anaconda 就意味着成功安装了本书将要用到的大多数软件。如果你还不熟悉 Anaconda，请参考 1.5.1 节的内容。

1.2　什么是预测分析

近年来，全世界可观测数据的数量呈现指数型增长态势，而相关科技术语的数量更是呈现突飞猛进的增长。业界、媒体和学术界的话题逐渐转向了（有时风头会过热）大数据、数据挖掘、分析、机器学习、数据科学、数据工程、统计学习和人工智能等。当然，本书的主题**预测分析**也是其中之一。

目前，这些术语还都比较新，因此术语本身及其确切含义多存在不少易混淆之处，不同的术语之间也会有重复。为便于理解，我们并没有定义所有术语，而是针对主要术语给出了实用性定义。这些定义足以刻画预测分析的内涵：

　　　预测分析是一个应用领域，它基于数据应用各种量化方法进行预测。

下面让我们分析一下上述定义。

- **应用领域**。事实上，所谓的**理论性的预测分析**并不存在。预测分析始终面向各行各业解决实际问题，涉及金融、电信、广告、保险、医疗、教育、娱乐等行业。记住，预测分析的目的是解决特定领域的某个问题，因此预测分析的**关键**是问题的背景和行业知识。我们将在第 2 章对此进行深入讨论。

- **应用各种量化方法**。预测分析会应用多种理论、技术、实践方法、实证结论，用到的理论涉及计算机科学和统计学这样的数理科学领域，具体包括最优化、概率论、线性代数、人工智能、机器学习、深度学习、算法、数据结构、统计推断、可视化和贝叶斯推断等。这些知识虽然可以为解决问题提供分析工具，但不会产生任何理论结果，因此分析结论必须与既有理论一致。这意味着工具必须用对，因此你需要具备一定的概念基础，需要熟悉前面提到的一些专业基础知识，这样才能预测分析得既正确又严格。在后续章节中，我们会以一种抽象的方式讨论各个领域的相关基础知识。

- **基于数据**。量化方法是预测分析的工具，数据则是构建模型的"原材料"。预测分析的关键在于从数据中提取有用的信息。事实证明，基于数据制定决策的价值很大。全世界的组织大都采用数据驱动的方法（**而非随意**）来制定各种决策，从而导致他们对数据的依赖越来越强。预测分析也是一种数据应用，即先根据数据进行预测，再根据预测结果解决问题。

预测分析（或其他任何类型的高级分析）中的操作通常会超出电子表格的功能范

畴，有鉴于此，为了正确执行预测分析，我们可以应用编程语言——Python 和 R 已经成为主流选择（也可以选择其他编程语言，如 Julia）。

此外，你需要直接利用数据存储系统（如关系数据库或非关系数据库）或者大数据存储解决方案，因此需要熟悉相关工具（如 SQL 和 Hadoop）。但是，这些工具涉及的操作超出了本书的范围。在本书中，我们不关心数据的提取，并假定所有示例提前从存储系统获取了数据。针对示例的分析，我们会从原始数据开始，展示预测分析过程常用的一些操作和变换。本书所涉及的处理都是用 Python 及相关工具完成的，具体操作过程参见后续章节。

- **进行预测**。定义最后的部分看起来很直接，但需要澄清的是，在预测分析的背景下，**预测**（Prediction）针对的是未知事件，并不等同于口语意义上的未来。比如，我们构建一个医学预测模型，使用病人的临床数据预测该病人是否患有疾病 X。当病人的数据收集完毕时，**病人是否患有疾病 X** 已是既定的事实，不需要预测**病人是否在未来会患疾病 X**。模型给出的是未知事件"病人患有疾病 X"的评估（是有根据的推测）。当然，预测有时候会与未来有关，但并不必然是一回事。

下面我们介绍预测分析领域中的一些重要概念，这些概念是需要你牢牢掌握的。

1.3 回顾预测分析的重要概念

在本节中，我们将介绍本书会用到的一些术语，并明确其相关的含义。有时，初学者的学习困惑部分来自于术语。有些概念可能有多个术语。举一个极端的例子，**变量、特征、属性、自变量、预测变量、回归变量、协变量、解释变量、输入和因子**，这些术语可能表示的是相同的含义！造成这种糟糕局面的原因是研究者来自不同的领域（如统计学、计量经济学、计算机科学、运筹学等），每个领域都有独特的命名方式，因此进行预测分析时也引用了各领域的术语。但是别担心，你很快就会习惯了。

现在我们来看一些基本概念。记住，术语的定义不必过于正式，也不需要逐字记住。在这里，本书会为相关术语构建清晰的定义。数据是预测分析的"原始材料"，因此我们需要先对一些关键性的数据概念加以定义。

- **数据**。获得并存储起来的记录，这些记录在某些上下文中是有意义的。
- **观测单元**。分析对象的实体。很多时候它在背景中很清晰，但有时候很难定义（尤其是与非技术人士沟通时）。假设要对连锁超市的一组商店的"销售数据"进行分析，这项定义模糊的任务可以定义为许多观测单元的组合，观测单元包括商店、收银机、交易、日期等。一旦知道了观测单元是什么（如顾客、房屋、患者、城市、细胞、石头、星星、数据、产品、交易、推文、网站等），你就可以了解它们的属性。

- **属性**。分析单元的特征。如果分析单元是患者，那么属性可以是年龄、身高、体重、体重指数、胆固醇水平等。

- **数据点、样本、观测和实例**。具备所有可用属性的单个观测单元。

- **数据集**。一组数据点，通常以表格形式储存，如关系数据库表或其他电子表格。

在许多问题中，数据集的形式是非结构化的，如视频、音频、推文和博客文章。但是，在预测分析中讨论数据集时，通常指结构化的数据集、一个表格或一组相关的表格。在进行预测分析时，大部分时间可能花在数据集的格式转换上，即从非结构化转到结构化。

此外，从现在开始，讨论数据集就表示对象是单个表格。尽管真实的数据集可能由多个表格组成，但本书把它当作单个表格。典型的表格如图 1-1 所示。

Customer id	Age	......	Preferential status	Location	Average monthly requests
123	56	......	FALSE	A	456
321	25	......	FALSE	B	65
......	......	......	......	......	......
654	38	......	TRUE	B	965

图 1-1

在该数据集中，观测单元是"Customer"，它是项目关注的实体对象。每一行表示一个观测或一个数据点，可以看到，每个数据点都有一系列属性（如 **Customer id**、**Age**、**Preferential status** 等）。下面我们讨论与这个数据集有关的建模词汇表。首先，从数学的角度看，每一列可以看作一个变量，变量的取值可能有变化，可以从一个数据点改变至另一个数据点。数据集中的变量关键是类型，类型有以下多种可能。

- **分类变量**：取值只考虑有限个可能的变量，如性别、国家、交易类型、年龄组、婚姻状况、电影类型等。这类变量包含如下两个子类。

  ➢ **序数变量**：属性有大小排序的变量，如年龄组（21～30 岁、31～40 岁、41～50 岁，51 岁及以上）或者衬衣型号（小号、中号、大号）。

> ➤ **基数变量**：属性取值顺序无意义的变量。

- **数值变量**：取值可以在某个定义区间内发生变化的变量。这类变量包含如下两个子类。

> ➤ **连续变量**：原则上可以取区间内任意值的变量，如人的身高、股票价格、星星的质量以及信用卡余额。

> ➤ **整数变量**：只能取整数值的变量，如孩子的个数、年龄（如果用年来度量）、一座房子的房间个数等。

数据集中有一列非常重要：就是我们想预测的那一列。这一列也可以称为**目标**、**因变量**、**响应结果**或**输出变量**，表示预测的质量或数量，通常记作 y。本书使用术语**目标**（Target）对其进行表示。

一旦识别了目标，其他候选列就成了特征、属性、因变量、预测变量、回归变量、解释变量或输入，这些列将用于预测目标。本书将使用术语**变量**（Variable）和**特征**（Feature）对其进行表示。

最后，我们给出**预测模型**（Predictive Model）的定义：它是一种使用特征预测目标的方法。我们也可以将其看作数学函数：输入是一组特征和目标，输出是目标的预测值。从抽象层次来看，预测模型如图 1-2 所示。

尽管图 1-2 有一定的局限（某些人甚至可能会认为它是错的），但是足以说明预测模型的一般性概念。我们将在后续章节深入研究预测模型的细节，并构建多个预测模型。

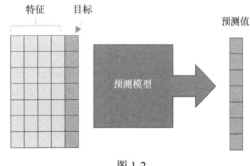

图 1-2

至此，我们已经介绍了预测模型的定义和本书会用到的一些重要术语。接下来，我们讨论预测分析过程。

1.4 预测分析过程

人们普遍对预测分析抱有一种常见的误解，认为预测分析就是建模。事实上，建模只是预测分析的一部分。多年来，人们就预测分析梳理出了相对规范的阶段，只不过不同领域的使用者会用不同的名称指代这些阶段。但是，各个阶段之间的顺序是有逻辑的，它们之间的关系也很容易理解。事实上，我们正是按照这些阶段的逻辑顺序加以组织的，具体如下。

- 理解问题和定义问题。
- 收集数据和准备数据。
- 使用**探索性数据分析**（Exploratory Data Analysis，EDA）挖掘数据信息。
- 构建模型。
- 评价模型。
- 沟通以及/或者部署。

我们将在后续章节详细介绍所有阶段。接下来，我们将简要介绍每个阶段的主要内容。我们认为，每个阶段都应该有一个明确的目标。

1.4.1　理解问题和定义问题

目标：理解问题和发现潜在的解决方案，同时定义解决问题所需要的条件。

这是预测分析过程的第一个阶段。这个阶段很关键，这时需要和利益相关方一起构建预测模型的目标，明确什么问题需要解决和**解决方案**的大致内容。

在这个阶段，我们还要明确项目的要求，如解决方案需要什么样的数据，数据需要什么格式，数据量需要多少，等等。最后，我们还要讨论模型输出的形式和提供的解决方案。相关内容详见第 2 章。

1.4.2　收集数据和准备数据

目标：得到可供分析的数据集。

这个阶段的主要任务是查看可用的数据。根据项目情况也许需要与数据库管理员沟通，请他们提供数据，也许还需要不同的数据源。有时候，数据可能还不存在，那么我们可能需要与某个团队协作，制订出收集数据的计划。记住，这个阶段的目标是获得可用于预测建模的数据。

在获取数据时，有可能会识别出数据中潜在的问题，因此这个阶段与前一个阶段紧密相关。在准备数据时，任务会在该阶段和前一阶段之间来回切换，因为在这个过程中很可能会发现，可用的数据无法解决问题，需要联合利益相关方，共同探讨具体情况，并重新思考解决方案。

在构建数据集时，可能还会发现数据带有某些问题，比如，可能数据集的某一列包含了许多缺失值，或者取值的编码不恰当。原则上，在这个阶段处理缺失值和离群点这样的问题非常适合，但实际情况往往并非如此，因此这个阶段与后一个阶段之间的界限也不太清晰。

1.4.3　使用 EDA 挖掘数据信息

目标：理解数据集。

一旦数据收集和准备完毕，我们就该进入用 **EDA** 分析数据集的阶段了。EDA 是数值技术和可视化技术的组合，可以帮助理解数据集不同变量的含义和变量之间的潜在联系。通常，这一阶段与前一阶段和后一阶段的关系比较模糊，所以不要轻易认为数据集已经"做好准备"。分析过程从一开始就会遇到各种问题，例如，从一个来源得到了 5 个月的历史数据，从另一个来源得到的历史数据则可能只有两个月的；又如，可能发现数据集中的 3 个特征是多余的；再如，需要组合数据集中的一些特征生成新特征。所以，通常任务在多次往返于前几个阶段后才可能完成，最终准备好数据集。

要深入理解数据集，我们先要回答下面的问题。

- 数据中的变量类型是什么？

- 变量的分布是什么样的？

- 数据集中有缺失值吗？

- 有多余的变量吗？

- 数据集特征之间的关系是什么？

- 可以观测到离群点吗？

- 不同的特征对特征间的相关性有什么影响？

- 相关系数有意义吗？

- 数据集的特征和预测分析的目标之间存在什么关系？

这个阶段的所有问题要与项目的总目标相匹配。同时，我们必须牢记问题。一旦数据获得了良好的理解，我们就可以进行下一个阶段的工作——构建模型。

1.4.4　构建模型

目标：生成可以解决问题的预测模型。

这个阶段会构建多个预测模型，然后通过评价选出最佳的一个。在这个阶段，我们必须选择所要**训练**和**估计**的模型的类型。术语**训练**与机器学习有关，术语**估计**与统计有关。对于建模方法、模型的类型以及训练/估计过程，我们必须通过问题和解决方案加以确定。

在本书中，我们主要介绍如何使用 Python 构建模型及其数据科学生态系统，并比较不同的建模方法，如机器学习、深度学习和贝叶斯统计。在尝试不同的方法、模型类型和调参技术后，我们会让得到的最终模型进行**"终极对决"**，并希望最好的模型胜出，生成最佳的解决方案。

1.4.5　评价模型

目标：从模型中选择最佳的一个模型，并评估该模型的解决方案。

在这个阶段中，我们要评价进入**"终极对决"**的模型，衡量它们的表现。这个阶段中的评价取决于问题，通常会用到一些主要指标。除了指标，还要考虑其他准则，如计算因素、可解释性、对用户友好的程度以及方法。我们会在第 7 章中深入探讨上述内容。模型评价会选择哪些准则和指标，也取决于问题。

记住，最佳的模型并不是最标新立异的、最复杂的、数学形式最棒的、计算效率最高的或者最前沿的，但一定是最有可能解决问题的。

1.4.6　沟通以及/或者部署

目标：使用预测模型和预测结果。

最终，模型构建完毕，检验完成，并得到不错的评价。在理想的情况下，这个模型可以解决问题，其性能也很好。接下来，我们应该进入应用阶段了。模型的应用取决于项目，有时我们可以直接将预测结果作为报告的主题向利益相关方汇报。这就是沟通，而良好的沟通技巧有助于完成既定目标。

有时，模型会被整合为软件应用的一部分：网络端、桌面、移动端或任何其他类型的技术。这时我们很可能需要与应用团队密切交流，甚至参与其中。还有另一种可能性，即模型本身也许会成为一个"数据产品"。例如，信用卡评分应用会利用客户数据计算客户违约的可能性。我们将在第 9 章中以这个数据产品作为实例。

尽管我们按各阶段的顺序对其进行了介绍，但需要明确的是，这个分析过程是高度迭代和非线性的，实际建模时将在这些阶段中来回往复。相邻阶段的边界是模糊的，它们之间总有一些重叠，所以确定每个任务究竟归入哪个阶段并不是特别重要。举例来说，处理离群点的任务是属于"收集数据和准备数据"阶段的一部分，还是属于"使用 EDA 挖掘数据信息"阶段的一部分？这在实践中无关紧要，这个任务可以放在任何阶段，重点在于需要针对这个任务进行什么处理。

不过，在预测分析中，了解各阶段的逻辑顺序非常有用，这有助于工作的准备和组织，也有助于为项目的持续时间设定合理的预期。前一阶段是后一阶段的先决条件，各阶段的顺序是合理的。例如，不能在模型尚未构建之前就进行评价，但在评价模型后，如果认为这个模型不合适，可以返回"构建模型"阶段并提出新模型。

1.4.7 CRISP-DM 和其他方法

预测分析还有另一种流行框架，是跨行业的数据挖掘标准过程（Cross-Industry Standard Process for Data Mining，CRISP-DM），它类似于刚才描述的过程，在 Wirth R 和 Hipp J 的论文（2000）中有详细描述。在该框架中，分析过程分为 6 个主要阶段，如图 1-3 所示。需要着重强调的是，各个阶段的顺序并不严格，图 1-3 中的箭头仅描述了各阶段之间沟通较频繁的关系，这些关系取决于项目的特性或正在解决的问题。这 6 个阶段如下。

- 业务理解。

- 数据理解。

- 数据准备。

- 建模。

- 评价。

- 部署。

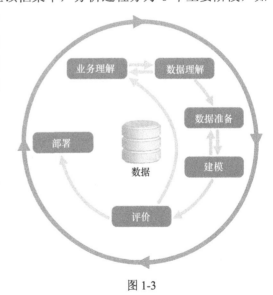

图 1-3

这个过程还有其他的理解方式，例如，R. Peng（2016）用**数据分析周转**的概念描述了这个过程。他认为，周转包括如下内容。

- 开发预期。

- 收集数据。

- 匹配预期与数据。

- 提出问题。

- 探索性数据分析。

- 构建模型。

- 解释。

- 沟通。

"周转"这个词表达了这样一个事实：这些阶段不仅相互关联，还形成了完整的数据分析过程，整个过程仿佛一个很大的"轮子"。

1.5 Python 数据科学栈概述

在本节中，我们将介绍相关软件和 Python 数据科学栈中主要的库。这些库是计算工具，尽管熟练掌握这些库并不是学习本书内容的必要条件，但它们的作用无疑也很大。我们不是要全面介绍这些工具，因为相关的资源和教程已经有很多了，而只是介绍一些相关的基本内容。我们将在后续章节介绍利用这些工具进行预测分析的方法。如果你已经熟悉这些工具，那么可以跳过这一节。

1.5.1 Anaconda

下面是引自 Anaconda 官方网站的描述：

"Anaconda 是一个包管理器、环境管理器、Python 发行版本以及超过 1000 个开源包的集合。它不仅免费，而且容易安装，还提供了免费的社区支持。"

我们可以把 Anaconda 视为一个工具箱：一组用 Python 进行分析和科学计算的现成工具的集合。当然，工具也可以一个个地单独获取，但一次性获取整个工具箱肯定更方便。Anaconda 同时可以兼顾各个包之间的依赖性，以及单独安装各个 Python 包会引起的其他潜在问题。如果安装的包（以及依赖性）最终发生冲突，处理起来会相当麻烦。阻止包之间的通信很难，更难的是让所有包保持更新。Anaconda 对所有包轻松实现了获取和维护。

我们强烈建议你使用 Anaconda，否则你将不得不逐一安装书里涉及的所有包。Anaconda 的安装过程和其他任何软件类似，如果还没有安装，请转到 Anaconda 官方网站，查找适合自己的计算机操作系统的下载程序。请选择 Python 3 版本，虽然许多公司还在使用 Python 2.7，但 Python 社区已经尽力迁移到 Python 3，请跟上步伐！

如果你对 Anaconda 非常感兴趣，请参考其官方文档。

1.5.2　Jupyter Notebook

原则上，你可以使用面向 Python 的许多集成开发环境（Integrated Development Environment，IDE），不过目前，Jupyter Notebook 已经几乎成为数据科学分析的标准 IDE：

"Jupyter Notebook 不仅通用性很高，还可以通过文本解释、可视化和其他元素来补充代码，现已成为最受分析社区欢迎的 IDE 之一。"

安装了 Anaconda 就意味着同时安装了 Jupyter Notebook，使用很方便。Jupyter Notebook 的使用步骤如下。

- 打开 Anaconda 提示符窗口，导航到启动应用程序的目录（**Desktop\Predictive AnalyticsWithPython**），输入 jupyter notebook（见图 1-4），再按 Enter 键，就可以开启应用。

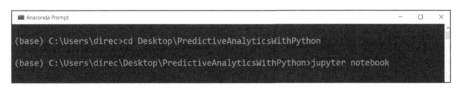

图 1-4

- 选择 New|Python 3，将打开一个新的浏览器窗口，如图 1-5 所示。Jupyter Notebook 是一个由单元格组成的 Web 应用。单元格有两种类型：**Markdown** 和**代码**。在 Markdown 类型的单元格中，我们可以编写格式化的文本，也可以插入图像、链接和其他元素。代码类型的单元格是默认类型。

- 如果要在主菜单中将单元格类型修改为 Markdown 类型，应选择 Cell|Cell Type| Markdown。编辑 Markdown 类型的单元格的界面如图 1-6 所示。

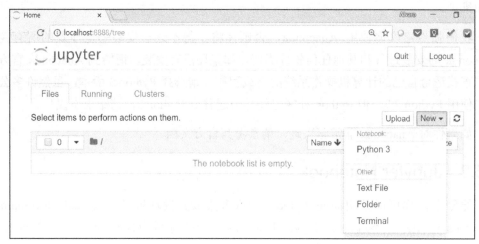

图 1-5

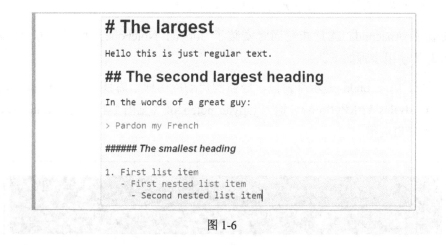

图 1-6

编辑结果如图 1-7 所示。

- 你还可以在代码类型的单元格中编写和执行 Python 代码，并展示执行的结果，如图 1-8 所示。要得到执行结果，请按 Ctrl+Enter 组合键。本书大部分示例会使用 Jupyter Notebook 进行操作（有时为了简化，我们会使用常规的 Python shell）。

- 在 Jupyter Notebook 的主菜单中，转到 Help，你可以找到用户界面教程（User Interface Tour）、键盘快捷方式（Keyboard Shortcuts）和其他有趣的资源。

The largest

Hello this is just regular text.

The second largest heading

In the words of a great guy:

Pardon my French

The smallest heading

1. First list item
   - First nested list item
     - Second nested list item

图 1-7

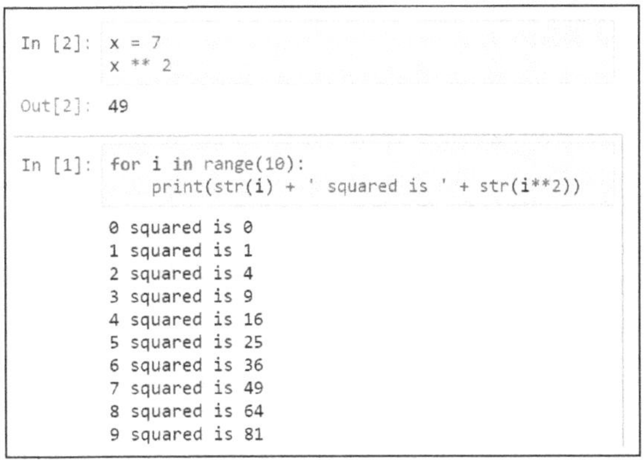

```
In [2]: x = 7
        x ** 2

Out[2]: 49

In [1]: for i in range(10):
            print(str(i) + ' squared is ' + str(i**2))

        0 squared is 0
        1 squared is 1
        2 squared is 4
        3 squared is 9
        4 squared is 16
        5 squared is 25
        6 squared is 36
        7 squared is 49
        8 squared is 64
        9 squared is 81
```

图 1-8

最后，在撰写本书时，Jupyter Lab 已成为 Jupyter 社区的下一个项目，提供了一些新功能。如果你有兴趣，也可以尝试在 Jupyter Lab 中运行实例。本书的代码也可以在 Jupyter Lab 中运行。

1.5.3 NumPy

对于 Python 生态系统来说，NumPy 是科学计算库的基本库。Python 生态系统中主要的库都以 NumPy 为基础，包括 pandas、Matplotlib、SciPy 和 scikit-learn。

NumPy 是一个基本库，因此学习相关的基础知识非常重要。下面我们给出一份 NumPy 的"迷你教程"。

NumPy 的"迷你教程"

在进行科学计算时，我们常常需要对变量进行向量化，下面通过两个示例给出这么做的原因，并明确向量化的含义。

让我们先用 Python 执行两个简单的计算。两个示例如下。

- 第一个示例，假设已经掌握了距离和时间的信息，目的是计算速度；

```
distances = [10, 15, 17, 26]
times = [0.3, 0.47, 0.55, 1.20]
# Calculate speeds with Python
speeds = []
for i in range(4):
    speeds.append(distances[i]/times[i])

speeds
```

结果如下：

```
[33.333333333333336,
 31.914893617021278,
 30.909090909090907,
 21.666666666666668]
```

- 第二个示例，用 Python 完成相同的计算：

```
# An alternative
speeds = [d/t for d,t in zip(distances, times)]
```

在第二个示例中，假设已知的条件是一系列产品的质量和相应的价格，目的是计算总的采购金额。Python 中的代码如下：

```
product_quantities = [13, 5, 6, 10, 11]
prices = [1.2, 6.5, 1.0, 4.8, 5.0]
total = sum([q*p for q,p in zip(product_quantities,prices)])
total
```

得到总采购金额是 157.1。

这些示例的关键在于，这种计算本身需要逐个对元素进行操作，而 Python（以及大多数编程语言）可以通过循环或列表解析（这只是编写循环的简便方法）完成。向量化是计算机编程的一种风格，这一操作会依次作用到数组中每个元素，换句话说，向量化操作是逐个对元素进行操作，而非显式地使用 **for** 循环。

现在让我们来看 NumPy 的操作方法。

- 导入这个库：

```
import numpy as np
```

- 计算速度。可以看到，这很简单，只需要考虑速度的数学定义：

```
# calculating speeds
distances = np.array([10, 15, 17, 26])
times = np.array([0.3, 0.47, 0.55, 1.20])
speeds = distances / times
speeds
```

输出如下：

```
array([ 33.33333333,  31.91489362,  30.90909091,  21.66666667])
```

现在，购买金额已经计算完毕，我们可以轻松运行计算代码：

```
#Calculating the total of a purchase
product_quantities = np.array([13, 5, 6, 10, 11])
prices = np.array([1.2, 6.5, 1.0, 4.8, 5.0])
total = (product_quantities*prices).sum()
total
```

运行这个计算后，得到的总金额是相同的，total 的值为 157.1。

现在我们讨论关于数组的创建、主要属性和操作的一些基本知识。这里的介绍并不会面面俱到，但我们可以大致介绍 NumPy 数组的工作原理，这就足够了。

和前面一样，可以基于列表创建数组，如下所示：

```
# arrays from lists
distances = [10, 15, 17, 26, 20]
times = [0.3, 0.47, 0.55, 1.20, 1.0]
distances = np.array(distances)
times = np.array(times)
```

如果给 np.array() 传递一个列表的列表，则会创建一个二维数组。如果传递的是列表的列表的列表（三重嵌套列表），则会创建一个三维数组，代码如下：

```
A = np.array([[1, 2], [3, 4]])
```

三维数组 A 如下所示：

```
array([[1, 2], [3, 4]])
```

下面看一下数组的一些主要属性。先创建一些数组，数字是随机生成的：

```
np.random.seed(0) # seed for reproducibility
x1 = np.random.randint(low=0, high=9, size=12) # 1D array
x2 = np.random.randint(low=0, high=9, size=(3, 4)) # 2D array
x3 = np.random.randint(low=0, high=9, size=(3, 4, 5)) # 3D array
print(x1, '\n')
print(x2, '\n')
print(x3, '\n')
```

下面是生成的数组：

```
[5 0 3 3 7 3 5 2 4 7 6 8]

[[8 1 6 7]
 [7 8 1 5]
 [8 4 3 0]]
```

```
[[[3 5 0 2 3]
  [8 1 3 3 3]
  [7 0 1 0 4]
  [7 3 2 7 2]]

 [[0 0 4 5 5]
  [6 8 4 1 4]
  [8 1 1 7 3]
  [6 7 2 0 3]]

 [[5 4 4 6 4]
  [4 3 4 4 8]
  [4 3 7 5 5]
  [0 1 5 3 0]]]
```

数组的重要属性如下。

- `ndarray.ndim`：数组轴的个数（维数）。

- `ndarray.shape`：数组维度。这个整数元组表示数组在每个维度上的大小。

- `ndarray.size`：数组元素的总数。它等于行元素个数与列元素个数的乘积。

- `ndarray.dtype`：描述数组中元素类型的对象。可以使用标准 Python 类型对 **dtype** 进行创建或指定。另外，NumPy 内置的类型包括 `numpy.int32`、`numpy.int16` 以及 `numpy.float64`，比 Python 支持的类型更加丰富。下面的例子列出了数组的这几个属性：

```
print("x3 ndim: ", x3.ndim)
print("x3 shape:", x3.shape)
print("x3 size: ", x3.size)
print("x3 dtype: ", x3.dtype)
```

输出如下所示：

```
x3 ndim:  3
x3 shape: (3, 4, 5)
x3 size:  60
x3 dtype:  int32
```

一维数组可以进行索引、切片以及迭代，和列表或其他的 Python 序列一样：

```
>>> x1
array([5, 0, 3, 3, 7, 3, 5, 2, 4, 7, 6, 8])
>>> x1[5] # element with index 5
3
```

```
>>> x1[2:5] # slice from of elements in indexes 2,3 and 4
array([3, 3, 7])
>>> x1[-1] # the last element of the array
8
```

多维数组的每个轴都有一个索引，这些索引用逗号分隔的元组给出：

```
one_to_twenty = np.arange(1,21) # integers from 1 to 20
>>> my_matrix = one_to_twenty.reshape(5,4) # transform to a 5-row by 4-
column matrix
>>> my_matrix
array([[ 1, 2, 3, 4],
[ 5, 6, 7, 8],
[ 9, 10, 11, 12],
[13, 14, 15, 16],
[17, 18, 19, 20]])
>>> my_matrix[2,3] # element in row 3, column 4 (remember Python is
zeroindexed)
12
>>> my_matrix[:, 1] # each row in the second column of my_matrix
array([ 2, 6, 10, 14, 18])
>>> my_matrix[0:2,-1] # first and second row of the last column
array([4, 8])
>>> my_matrix[0,0] = -1 # setting the first element to -1
>>> my_matrix
```

代码输出如下：

```
array([[-1, 2, 3, 4],
[ 5, 6, 7, 8],
[ 9, 10, 11, 12],
[13, 14, 15, 16],
[17, 18, 19, 20]])
```

然后，在之前的矩阵上执行一些数学运算操作，可以当作向量化的示例：

```
>>> one_to_twenty = np.arange(1,21) # integers from 1 to 20
>>> my_matrix = one_to_twenty.reshape(5,4) # transform to a 5-row by 4-
column matrix
>>> # the following operations are done to every element of the matrix
>>> my_matrix + 5 # addition
array([[ 6, 7, 8, 9],
[10, 11, 12, 13],
[14, 15, 16, 17],
[18, 19, 20, 21],
[22, 23, 24, 25]])
```

```
>>> my_matrix / 2 # division
array([[ 0.5, 1. , 1.5, 2. ],
 [ 2.5, 3. , 3.5, 4. ],
 [ 4.5, 5. , 5.5, 6. ],
 [ 6.5, 7. , 7.5, 8. ],
 [ 8.5, 9. , 9.5, 10. ]])
>>> my_matrix ** 2 # exponentiation
array([[ 1, 4, 9, 16],
 [ 25, 36, 49, 64],
 [ 81, 100, 121, 144],
 [169, 196, 225, 256],
 [289, 324, 361, 400]], dtype=int32)
>>> 2**my_matrix # powers of 2
array([[ 2, 4, 8, 16],
 [ 32, 64, 128, 256],
 [ 512, 1024, 2048, 4096],
 [ 8192, 16384, 32768, 65536],
 [ 131072, 262144, 524288, 1048576]], dtype=int32)
>>> np.sin(my_matrix) # mathematical functions like sin
array([[ 0.84147098, 0.90929743, 0.14112001, -0.7568025 ],
        [-0.95892427, -0.2794155 , 0.6569866 , 0.98935825],
        [ 0.41211849, -0.54402111, -0.99999021, -0.53657292],
        [ 0.42016704, 0.99060736, 0.65028784, -0.28790332],
        [-0.96139749, -0.75098725, 0.14987721, 0.91294525]])
```

最后，让我们看一些数据分析中常见的高效方法：

```
>>> # some useful methods for analytics
>>> my_matrix.sum()
210
>>> my_matrix.max() ## maximum
20
>>> my_matrix.min() ## minimum
1
>>> my_matrix.mean() ## arithmetic mean
10.5
>>> my_matrix.std() ## standard deviation
5.766281297335398
```

这里的目的并不是"重新发明"NumPy，关于 NumPy 基础的优秀资源已经非常多了。

1.5.4　SciPy

SciPy 是面向科学计算的一组包。如果你想了解更详细的信息，可参考相关文档。SciPy 中的子包及其描述如表 1-1 所示。

表 1-1

子包	描述
cluster	包含了许多用于聚类操作的程序和函数
constants	用于物理、天文、工程以及其他领域的数学常数
fftpack	快速傅里叶变换的程序和函数
integrate	用于求解数值积分和偏微分方程的主要工具
interpolate	插值工具和光滑样条函数
io	从不同格式读取对象或将对象保存到不同格式的输入/输出函数
linalg	主要的线性代数操作，它是 NumPy 的核心
ndimage	图像处理工具，与 n 维对象一起使用
optimize	包含了许多最常用的最优化和求根的程序与函数
sparse	提供了处理稀疏矩阵的工具，补充了线性代数程序
special	用于物理、天文、工程和其他领域的特殊函数
stats	用于描述性统计和推断统计的统计分布与函数

我们将在后续章节对 SciPy 的一些函数和子包进行介绍。

1.5.5 pandas

pandas 的创建基本上是为了处理两类数据结构：一类是一维数据，即序列；另一类是 DataFrame，即二维结构，是 pandas 非常常见的结构，可以看成 SQL 表或者 Excel 表格。

尽管数据结构仍有其他类型，但上述两种结构已经可以涵盖大约 90% 的预测分析案例。事实上，大部分时候（以及本书所有示例中）在处理 DataFrame。我们将在第 2 章通过案例介绍 pandas 的基本功能。如果你对这个库完全陌生，建议先阅读 pandas 的相关教程。

1.5.6 Matplotlib

Matplotlib 是二维可视化的主要的库，也是 Python 生态系统中最 "古老" 的科学计算工具之一。尽管 Python 可视化的库在不断增加，Matplotlib 依然使用广泛，事实上 Matplotlib 也被整合到了 pandas 中。此外，某些其他更专业的可视化库也是基于 Matplotlib 开发的，如 Seaborn。

本书只在需要时使用 Matplotlib，因为高级的库更受偏爱，特别是 Seaborn 和 pandas（它们包含了很棒的可视化函数）。但是，这些库都构建于 Matplotlib 的基础上，而分析过程经常需要对这些库生成的对象和图形进行修正，因此我们需要熟悉 Matplotlib 的一些基本术语和概念，之后就可以对数据进行可视化操作了。导入 Matplotlib 库，代码如下：

```
import matplotlib.pyplot as plt
%matplotlib inline # This is necessary for showing the figures in the
notebook
```

首先，这里有两个重要的对象，**图像**（Figure）和**子图**（Subplot，也称为 Axes）。图是所有图形元素的顶层容器，也是子图的容器。一幅图可以有许多个子图，每个子图属于某幅图，包含着许多元素。下列代码生成了一幅图像（不可见），具有一个空的子图：

```
fig, ax = plt.subplots()
ax.plot();
```

子图如图 1-9 所示。

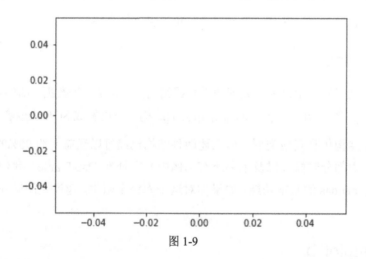

图 1-9

下列代码可以生成一幅包含 4 个子图的图：

```
fig, axes = plt.subplots(ncols=2, nrows=2)
fig.show();
```

输出结果如图 1-10 所示。

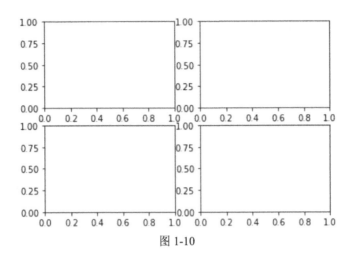

图 1-10

Matplotlib 的使用方式容易引起初学者的混淆，它有两种使用接口，**pyplot** 和**面向对象的接口**（Object Oriented Interface，OOI）。笔者偏爱 OOI，因为它可以明确处理对象。前面生成的 axes 对象是包含了 4 个子图的 NumPy 数组。这里画出一些随机数，目的是展示如何引用每个子图。运行代码之后，图像看起来会有所变化。这里的随机数可以通过设置随机种子进行控制：

```
fig, axes = plt.subplots(ncols=2, nrows=2)
axes[0,0].set_title('upper left')
axes[0,0].plot(np.arange(10), np.random.randint(0,10,10))

axes[0,1].set_title('upper right')
axes[0,1].plot(np.arange(10), np.random.randint(0,10,10))

axes[1,0].set_title('lower left')
axes[1,0].plot(np.arange(10), np.random.randint(0,10,10))

axes[1,1].set_title('lower right')
axes[1,1].plot(np.arange(10), np.random.randint(0,10,10))
fig.tight_layout(); ## this is for getting nice spacing between the
subplots
```

输出结果如图 1-11 所示。

axes 对象是一个 NumPy 数组，这里使用 NumPy 索引引用每个子图，可以在每个子图上使用 .set_title() 或 .plot() 方法，把它修正为理想的样子。这样的方法有很多，大多数用来修正子图的元素。例如，下面的代码几乎和之前一样，但编写得更紧凑，并修正了 y 轴的刻度。

另一种应用程序接口（Application Programming Interface，API）是 pyplot，它可以

在大多数在线示例中发现，包括在文档中。这段代码使用 pyplot 重现了图 1-11：

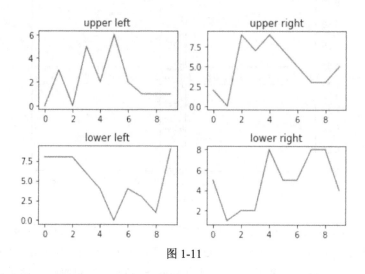

图 1-11

```
titles = ['upper left', 'upper right', 'lower left', 'lower right']
fig, axes = plt.subplots(ncols=2, nrows=2)
for title, ax in zip(titles, axes.flatten()):
    ax.set_title(title)
    ax.plot(np.arange(10), np.random.randint(0,10,10))
    ax.set_yticks([0,5,10])
fig.tight_layout();
```

输出结果如图 1-12 所示。

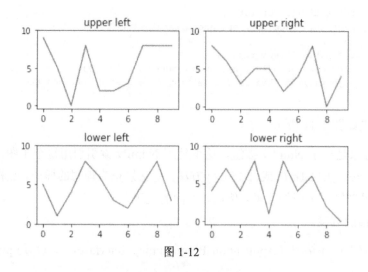

图 1-12

下面是一小段的 pyplot 示例：

```
plt.plot([1,2,3,4])
plt.title('Minimal pyplot example')
plt.ylabel('some numbers')
```

输出结果如图 1-13 所示。

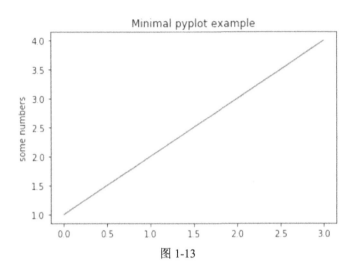

图 1-13

1.5.7 Seaborn

Seaborn 是一个高级的可视化库，可以生成数据分析常用的统计图形。使用 Seaborn 的优点是往往只需要很少的几行代码，就能生成高度复杂的多变量可视化图形，这些图形非常漂亮也显得非常专业。

Seaborn 库能帮助我们在 Python 中创建有吸引力的而且含义丰富的统计图形。它构建于 Matplotlib 之上，与 PyData 栈高度集成。它支持 NumPy 和 pandas 的数据结构以及来自 SciPy 和 statsmodels 的统计程序。

Seaborn 提供的一些特征是内置的主题，可以帮助 Matplotlib 的风格化图形工具选择合适的调色板，来制作揭示数据模式的漂亮图形。这个库的功能非常强大，可以为数据绘制一元和二元的分布；可以拟合同类型的自变量和因变量，并对线性模型进行可视化；可以对数据矩阵进行可视化，并利用聚类算法发现数据的结构；可以灵活估计时间序列，并对估计结果进行可视化；可以绘制高度抽象的图形网格，从而轻松构建复杂的可视化图形。

Seaborn 旨在使可视化成为探索和理解数据的核心。绘图函数可以直接在包含完整数据集的 DataFrame 和数组上进行操作，因此使用 Seaborn 处理数据更加容易。

本书会始终使用 Seaborn，并会介绍大量有"价值"的可视化图形，特别是在第 3 章中。

1.5.8　scikit-learn

scikit-learn 是 Python 生态系统中主要面向传统机器学习的一个库。它提供的 API 一致并简单，不仅可用于机器学习建模，也可用于许多的相关任务，例如数据的预处理、转换和超参数调整。它的构建基础是 NumPy、SciPy 和 Matplotlib（因此这些库的相关知识需要了解），它也是 Python 社区最受欢迎的预测分析工具之一。我们将在第 5 章和第 6 章介绍更多关于这个库的知识。

1.5.9　TensorFlow 和 Keras

TensorFlow 是机器学习专用库，在 2015 年 11 月实现了开源，此后在许多行业的研究和产品应用中成为深度学习的首选库。

TensorFlow 的计算实现过程基于一种数据流编程范式，并具有强大的复杂计算能力。TensorFlow 的工作原理是这样的，首先构建一张计算图，再在名为"sessions"的指定对象中运行计算图所描述的计算，最后由"sessions"负责将计算结果输出到 CPU 或 GPU 上。TensorFlow 的计算过程显得并不直接（特别是对于初学者），因此不在示例中直接使用。我们在第 6 章的计算中会用到 TensorFlow，把它当作"后台"。

本书选择 Keras 构建深度学习模型。Keras 是一个对用户友好的出色的库，可以作为 TensorFlow（或其他如 Theano 这样的深度学习库）的"前台"使用。Keras 的主要目标是成为"容易使用的深度学习库"。笔者认为，Keras 实现了这个目标，它大大简化了深度学习的开发。

在第 6 章中，我们将以 Keras 作为工具。

1.5.10　Dash

Dash 是一种能快速构建网络应用的 Python 框架，无须使用者了解 JavaScript、CSS、HTML、服务器端编程或者属于网络开发领域的有关技术。

1.6 小结

在本章中，我们介绍了预测分析的基本概念，随后就可以基于此概念深入介绍预测分析的实践知识。**预测分析是一个应用领域，它应用各种量化方法基于数据进行预测。**接着，我们抽象地讨论了预测分析过程的每一个阶段，还介绍了本书所用的 Python 数据科学栈的主要工具。随着将在后续章节应用这些工具，我们还会介绍更多的相关知识。

第 1 章是本书概念较多的部分。从第 2 章开始，我们会在内容中穿插相关的实践操作。

扩展阅读

- Chin L, Dutta Tanmay, 2016. *NumPy Essentials*.Packt Publishing.

- Fuentes A, 2017. *Become a Python Data Analyst*.Packt Publishing.

- VanderPlas J, 2016. *Python Data Science Handbook:Essential Tools for Working with Data*,O'Reilly Media.

- Wirth R, Hipp J, 2000. *CRISP-DM:Towards a standard process model for data mining*. Proceedings of the 4th international conference on the practical applications of knowledge discovery and data mining.

- Yim A, Chung C, Yu A, 2018. *Matplotlib for Python Developers*.Packt Publishing.

第 2 章　理解问题和准备数据

本章主要内容

- 理解业务问题并提出解决方案。

- 引入钻石价格数据集及相关的实践项目。

- 引入信用卡违约数据集及相关的实践项目。

我们在第 1 章介绍了预测分析过程、一些相关的基本定义和主要的 Python 生态系统库。本章开始着手处理数据集，并深入介绍预测分析过程的第一阶段和第二阶段，即**理解问题和定义问题**以及**收集数据和准备数据**。

在本章中，我们先讨论理解问题和定义问题时最需要注意的方面，比如，是否掌握了足够的背景知识、预测对象如何定义、数据如何处理，然后提出解决方案。

接着，我们将进入实践阶段，引入两个数据集（它们也将用于本书的其余章节）和一些虚拟的业务问题。这些数据集不仅将被用来讨论**理解问题和定义问题**，还将被用来讨论**收集数据和准备数据**。同时，我们还将引入该阶段的一些实践性问题，比如缺失值处理、分类特征编码、共线性问题、低方差特征等，最后还会简单介绍特征工程。

2.1　技术要求

- Python 3.6 或更高版本。

- Jupyter Notebook。

- 最新版本的 Python 库：NumPy、pandas 和 Matplotlib。

2.2 理解业务问题并提出解决方案

在本节中，我们将讨论业务问题的定义和内涵，以及定义过程中的其他事宜，会使用预测分析来解决问题。该阶段的细节完全取决于项目，因此我们仅给出一般性的指导建议。但在讨论实践案例时，我们会在预测分析项目中具体介绍理解问题的一些必要考虑因素。

2.2.1 背景决定一切

上文提到的"理解问题和定义问题"是预测分析过程的第一个阶段。正如第 1 章所述，这个阶段非常关键，因为这时需要与利益相关方共同树立预测分析项目的目标。

- 待解决的问题是什么？

- 如何基于业务角度评价解决方案？

因此，任何预测分析项目的第一个任务就是理解问题的背景。正如第 1 章所述，预测分析总处在某个特定的领域。显然，对该领域的理解越全面，对问题的理解就会越准确，提出的解决方案就会越恰当。

事实上，背景知识会提高工程师的工作价值，会给工程师增加别人难以企及的优势。别人也许掌握的软件技能水平更高，比如会使用 12 种编程语言或者会证明列维连续性定理（不过，这些技能一般都用处不大），但如果工程师可以准确理解行业的专业词汇、待解决的问题以及潜在方案的实际价值，那么其优势就更突出。如果可以使用量化方式展示自己的方案效果，比如可节省多少费用、节约多少时间、留住多少客户等，就可以获得需求方更多的"好感"。

即使工程师不是问题相关领域的专家（这是很常见的情形），也需要掌握足够的背景知识。背景知识是与问题和解决方案相关的所有信息。首先需要将业务问题转化为可分析的问题，这一步是预测分析的关键，不过通常都很难，因为业务问题一般都是模糊又笼统的，比如"我们需要为客服代表提供哪些工具，才能避免客户的流失？""我们想知道竞争对业务有什么影响？""为什么信用卡的违约率会上升？"。因此，为了给出满意答案，我们需要了解一些客服代表与客户互动的情况、行业的竞争动态，以及"违约率"的定义。

2.2.2 定义预测内容

需求方有时可能对自己希望的预测内容会有一个大致的描述，例如流失的客户、买家、房价、欺诈交易等。但更多时候，他们给出的问题相当模糊，例如前文提到的"我们需要为客服代表提供哪些工具，才能避免客户的流失？"。在任何情况下，**理解问题**的主要工作都是根据模型输出来厘清和明确需求，即"输出是怎样的"。换句话说，就是要知道预测的是什么、解决问题的目标是什么？

例如，假定现在的要求是构建电信公司客户流失的预测模型。此时，解决问题的目标可以是包含两种类型的分类变量，即"流失的客户"（离开公司的客户）与"非流失的客户"（留下来的客户）。但是，根据背景知识，客户流失事实上有两种类型，即"自愿的流失客户"和"非自愿的流失客户"。那么哪一个目标更好呢？是包含两种类型（流失和非流失）的第一个目标，还是包含 3 种类型（自愿流失、非自愿流失以及未流失）的第二个目标？当然，答案取决于模型的业务目标，我们的任务是确定和推荐更好的目标。

2.2.3 明确项目需要的数据

一旦定义好模型输出，我们就要明确预测分析需要使用什么样的数据，考虑因素包括哪些数据源需要访问、数据需要什么格式、数据量需要多少等。需求可能有很多，但预测分析（就和人生一样）通常难以给出理想结果，实际结果会受到环境的限制，甚至很多时候连可处理的数据也无法确定，因为数据已经由需求方收集好了，工程师只能"因地制宜"。例如，原计划用 12 个月的客户数据构建信用卡违约模型，但是很可能负责数据的工作人员提供的历史数据只有 6 个月的。

在这一阶段，我们必须与需求方充分讨论，明确他们提供的数据和希望解决的问题。这些讨论要尽可能清晰。谁都不希望在费力完成信用卡违约模型的开发后，才发现对方还想在模型中增加客户的人口统计特征。

2.2.4 考虑数据访问

数据访问是另一个需要仔细考虑的关键因素，必须在需求中明确说明数据集如何获取、是否获得公司数据库的访问许可，或者请求负责人（数据库管理员或数据工程师）提供需要的数据。这时要求在沟通中明确实际需要，因此必须理解数据的特性。

下面是请求数据集时必须考虑的因素。

- 理想的数据集格式是什么。

- 如果数据以表格格式给出，那么每列的类型是什么。

- 缺失值如何编码。

- 需求方提供的文件属于哪种编码方式。

- 如果数据是历史数据，那么取样时间有多长。

2.2.5　提出解决方案

当理解了问题、了解了可用数据，并确保可以访问数据后，我们即可进入提出解决方案的阶段。在这一阶段，我们应该规划实现解决方案的方法，并估计预期结果。不过，这只是一个初步的计划，在此期间可能发生许多未预料的情况，最终的方法可能会有所改变。但是，做好计划还是有益于顺利实现目标。

截至目前，我们还没有谈论过模型的构建方法和评价方法。方法不同，结果很可能就会有所不同。接下来我们简要介绍这些内容。

1. 定义方法

请提前考虑使用的方法。方法的具体化讨论程度取决于团队的技术水平。讨论可以使用抽象的描述方式，例如"训练出一个分类模型……"。也可以使用具体的描述方式，例如"XYZ 方法将用于缩放特征……然后训练一个带线性核的支持向量机（Support Vector Machine，SVM）……"。这些描述方式都要确保方法的提出有充分的论证加以支持。

此时切忌标榜自己的技术水平，这很可能会给人以刻板的印象，或者被认为是一个缺乏交际能力的人。大多数非技术人员觉得技术细节不重要，他们常常只关注解决方案，对细节完全没兴趣，甚至不想知道方法如何精妙、深度**卷积神经网络**（Conlutional Neural Networks，CNN）如何先进和复杂。记住，人类沟通的一条黄金法则是"了解听众"！如果他们有兴趣了解技术细节并想深究，我们就提供相关的信息；若非如此，还是把讨论方向保持在解决问题的抽象水平上吧！

当然，建模过程不可能预知实际过程的每一处细节，因此提出的方案并不是完整的计划，而是对未来行动的初步指导。获取实际数据后，我们很可能以不同的方式进行操作。

2．定义模型性能的关键指标

请慎重考虑定义模型性能的指标。我们首先考虑原计划使用的指标，这主要依赖于这些指标与问题的相关程度。我们将在第 7 章深入讨论模型的评价方式以及不同的评价指标。

不要就模型性能做出任何承诺，也不要说诸如"我有把握准确率会高于 95%"这样的话，因为我们无法准确预测模型的性能。

3．定义项目的可交付性

定义项目的可交付性，不仅要考虑模型的输出结果，还要考虑下面几个问题。

- 如何使用模型的输出？方式有许多，使其作为专用的应用程序、API，或作为已有应用程序的模块等。

- 除了模型的预测，需求方是否还需要其他输出？

- 还需要完成模型和分析结果的报告吗？

- 还需要进行演示吗？

上述内容是沟通以及/或者部署阶段的一部分工作。我们在介绍项目的可交付成果时还会讨论其他问题。

为了具体阐述本节内容，我们将给出两个实践项目。在接下来的两节中，我们会引入两个数据集，并给出假设需要解决的一些业务问题。这些示例（以及本书的其他示例）都是解决现实问题的简化版本。

2.3　实践项目——钻石的价格

在本节中，我们将引入钻石价格数据集，实现第 1 章讨论过的预测分析过程。这里从 2.2 节讨论过的阶段开始。

2.3.1　钻石的价格——理解问题和定义问题

一家名为**智能钻石代销商**（Intelligent Diamond Reseller，IDR）的新公司希望进入钻石代销业务领域。他们打算创新业务，因此需要使用预测建模估计钻石的市场价格。要在市场上销售钻石，首先要从生产商处购入钻石——这是预测模型发挥作用的阶段。假设 IDR 的员工提前知道他们能以 5000 美元的价格在市场上出售某颗钻石，由此可以判断买入这颗钻石的价格。如果有人提出的买入价格为 2750 美元，那么他们肯定可以获得可观的利润；如果有人提出的买入价格为 6000 美元，那么这笔生意会亏损。因此，对这家公司来说，准确预测钻石的市场价格非常重要。

他们得到的数据集（确实是真实数据）包含大约 54000 颗钻石的价格和关键特征。这个数据集的元数据如下。

- **属性的个数**：10。
- **特征信息**：包含 53940 行和 10 个变量的 DataFrame，10 个变量如下所示。

  ➢ price：以美元计价。

  ➢ carat：钻石的重量（单位为克拉）。

  ➢ cut：钻石切割的质量（普通、好、非常好、优秀、完美）。

  ➢ color：钻石的颜色，从 J（最坏）到 D（最好）。

  ➢ clarity：钻石的纯净程度，即净度 [I1（最坏）、SI2、SI1、VS2、VS1、VVS2、VVS1、IF（最好）]。

  ➢ x：长度，单位为毫米。

  ➢ y：宽度，单位为毫米。

  ➢ z：高度，单位为毫米。

  ➢ depth：全深比，其值的计算公式为 z / mean(x, y) = 2 * z / (x + y)，单位为%。

  ➢ table：台宽比，钻石顶部台宽与最宽处直径的比值，单位为%。

数据集的形式如图 2-1 所示。

	carat	cut	color	clarity	depth	table	price	x	y	z
0	0.23	Ideal	E	SI2	61.5	55.0	326	3.95	3.98	2.43
1	0.21	Premium	E	SI1	59.8	61.0	326	3.89	3.84	2.31
2	0.23	Good	E	VS1	56.9	65.0	327	4.05	4.07	2.31
3	0.29	Premium	I	VS2	62.4	58.0	334	4.20	4.23	2.63
4	0.31	Good	J	SI2	63.3	58.0	335	4.34	4.35	2.75

图 2-1

2.3.2　更多背景知识

我们知道决定钻石价格最重要的因素是钻石的重量（Weight）或者称为克拉（Carat）。除了重量，决定钻石价格的重要因素还有颜色、净度和切割的质量。数据集包含所有这些特征，看起来还不错。

另一个关键因素是钻石的认证（Certification），这里的数据集中没有任何认证数据，这也许是个问题，因为研究显示人们愿意为未认证的钻石支付的价格更低。这个关键问题需要询问 IDR 公司的人员，而他们表示数据集中的钻石就是经过认证的。

这个实践项目说明，对于任何预测模型，我们都必须考虑其局限性。如果我们只使用经过认证的钻石信息对模型进行构建和训练，就不应该用这个模型来预测未经认证的钻石的价格。我们将在后续章节中介绍模型的更多局限性。

2.3.3　钻石的价格——提出解决方案

现在我们对问题已经有了大致的了解，知道了 IDR 这家公司的目标，也了解了数据集的情况和问题的背景。使用第 1 章定义的术语，我们可以使这个问题的表述更规范，即"观测单元"是钻石，数据集包含 10 个属性，每颗钻石是一个数据点。下面我们需要明确项目的目标和可交付的结果。

1. 目标

与 IDR 公司的高管讨论后，我们列出了项目的总体目标，具体如下。

- 使用数据集包含的特征（除价格以外的所有列）。
- 基于这些特征，构建尽可能准确预测钻石价格的模型。
- 预测生产商的钻石供货报价，从而帮助 IDR 公司合理计算买价。

以上目标是所有工作的指导。

2. 方法

在已定义的问题中，目标是钻石的价格，特征是数据集其余 9 列（carat、cut、color、clarity、x、y、z、depth 和 table）。

价格变量是连续变量，（原则上）可以取定义区间中的任意数值（当然，这里讨论的是连续性的应用性定义，而非严格的数学定义）。在预测分析中，如果预测变量是连续变量，那么这一类问题都是回归问题；如果预测变量是分类变量，那么这一类问题都是分类问题。

这两者是同一类问题，我们将在"第 4 章 基于机器学习的数值预测"进行详细讨论。"线性回归"这个术语在统计中很常见，但"机器学习""数值预测"这些术语不能混淆。后者指专门的统计技术，前者涉及的是一整类的机器学习问题。

目前我们可以确定该项目的主要内容是**构建以钻石价格为预测目标的回归模型**。

3．模型的评价指标

如何评价模型的性能呢？预测分析通常会用到指标。回归问题有许多标准化的评价指标，其中一些是经常用到的。针对具体的问题，我们必须选择一个最适合的指标，但有时每个标准化的指标可能都不适合，因此这时需要自己动手构建指标。

标准化指标大多很直接：如果预测值接近实际（真实）值，指标就是好的；如果预测值偏离实际值很远，指标就是不好的。

这些指标的数学定义都源自上述原则。

目前我们假设模型评估指标的选择方式是**通过最小化预测价格和实际价格之间的差异，构建尽可能准确的模型**。

4．项目的可交付结果

IDR 公司希望软件在输入钻石不同的特征后，可以输出钻石的预测价格。他们只关心钻石的价格。我们答应了对方的要求，并提出了解决方案——一个简单的 Web 应用程序。这个应用程序中有一个表格，在表格中输入钻石的特征后，应用程序将基于数据集构建模型，并给出对应的预测价格。

我们将在第 9 章介绍如何构建该应用程序。

2.3.4 钻石的价格——收集数据和准备数据

目前，这个项目和提出的解决方案都获得了批准。现在我们该进入预测分析过程的第二个阶段了，那就是收集数据和准备数据。

我们在第 1 章讲过，收集数据的过程完全取决于项目。有时我们需要利用一些技术来获取数据，比如**提取**、**转换**、**装载**（Extract Transformation Load，ETL）；有时需要访问一些内部数据库，或者可以通过诸如 Bloomberg 或 Quandl 这样的平台，用 API 访问外部数据等。关键在于这个过程是个性化的，因此这里不赘述。本章其余部分会介绍一些本阶段需要反复考虑的问题，包括缺失值、离群点、特征转换等。

现在回到示例，我们考虑下面的情景。

- 需求方已经提供了数据集，因此数据收集完毕，但还需要进行预处理。

- 正如第 1 章中所述，这个阶段的目标是**得到可分析的数据集**。

- 很幸运，这个数据集已经清洗完毕，预处理也已经基本完成。在现实中，大多数项目大部分时间会用于数据集的清洗和预处理。

- 该项目只需要再进行很少的数据准备工作（有意的）。类似于数据收集过程，每个项目的数据清洗过程也是个性化的。

数据清洗通常会花费大量的时间和精力，但这个过程是个性化的，因此没有标准的处理方法。这个过程包括识别损坏的、不完整的、无用的或错误的数据，并进行替换或删除。这个过程通常应用 Python 这样的编程语言，这类编程语言有许多库，并具有处理正则表达式的能力。

- 在大多数情况下，通过数据清洗，我们会得到一个数据集——和这里的数据集差不多。载入数据集的代码如下所示：

```
# loading important libraries
import numpy as np
import pandas as pd
import matplotlib.pyplot as plt
import os


# Loading the data
DATA_DIR = '../data'
FILE_NAME = 'diamonds.csv'
data_path = os.path.join(DATA_DIR, FILE_NAME)
diamonds = pd.read_csv(data_path)
diamonds.shape
```

- 运行上述代码后，发现该数据集有 53940 行、10 列：

```
(53940, 10)
```

- 现在检查数据集是否准备好。检查从数据集数值变量的汇总统计量开始：

```
diamonds.describe()
```

- 汇总统计量的结果如图 2-2 所示。

	carat	depth	table	price	x	y	z
count	53940.000000	53940.000000	53940.000000	53940.000000	53940.000000	53940.000000	53940.000000
mean	0.797940	61.749405	57.457184	3932.799722	5.731157	5.734526	3.538734
std	0.474011	1.432621	2.234491	3989.439738	1.121761	1.142135	0.705699
min	0.200000	43.000000	43.000000	326.000000	0.000000	0.000000	0.000000
25%	0.400000	61.000000	56.000000	950.000000	4.710000	4.720000	2.910000
50%	0.700000	61.800000	57.000000	2401.000000	5.700000	5.710000	3.530000
75%	1.040000	62.500000	59.000000	5324.250000	6.540000	6.540000	4.040000
max	5.010000	79.000000	95.000000	18823.000000	10.740000	58.900000	31.800000

图 2-2

这种输出形式便于快速检查数值变量中不正常的取值。例如，根据变量的定义，希望数据中没有负值，从图 2-2 中 min 行可以看到，所有数值是非负的，这很好！

数据分析从 carat 列开始。carat 列 max 行的值看起来"太高"。为什么 5.01 会被认为太高？可以考虑一下 75% 分位数，它接近 1.0，标准差是 0.47，最大值与 75% 的分位数相差约 8 倍的标准差，这个差异很大。

这个取值远离该变量的典型变化范围，几乎可以认为它是数据记录或测量中的误差引起的，因此可以考虑把这颗 5.01 克拉的钻石当作离群点。

即使离群点是真实存在的，但因为它非常罕见，所以在分析中排除它也是合理的，毕竟问题的一般性才是关注点。例如，在美国普通人口收入的一项相关研究中，样本会包含杰夫·贝索斯（Jeff Bezos）吗？不会。同理，这里也不考虑稀有的大钻石。数据处理过程如下。

- 继续观察 depth 和 table 列。根据定义，这两个变量的值是百分数，因此所有值应该在 0 和 100 之间，可以看到，这两列的数据都是正常的。

- 观察 price 列的描述性统计量，这一列是预测分析的目标！

- 可以看到，最便宜的钻石的价格为 326 美元，平均价格近 4000 美元。最昂贵的钻石的价格为 18823 美元，这个价格会是个离群点吗？

- 根据标准差可以很快评估这个价格偏离 75% 的分位数的程度，(18823−5324.25) / 3989.4≈3.38 倍标准差。

- 尽管钻石的价格昂贵，但是考虑到价格的高波动性（标准差为 3989.4），我们不把最大值看作离群点。

处理缺失值

现在我们来看钻石维度的相关变量，即 x、y 和 z。

首先会看到，这些变量的最小值是 0。但根据这些变量的意义，最小值为 0 是不可能的（如果是这样，这里讨论的钻石维度就是二维的）。

检查 x 值是否等于 0 的语句如下：

```
diamonds.loc[diamonds['x']==0]
```

输出结果如图 2-3 所示。

	carat	cut	color	clarity	depth	table	price	x	y	z
11182	1.07	Ideal	F	SI2	61.6	56.0	4954	0.0	6.62	0.0
11963	1.00	Very Good	H	VS2	63.3	53.0	5139	0.0	0.00	0.0
15951	1.14	Fair	G	VS1	57.5	67.0	6381	0.0	0.00	0.0
24520	1.56	Ideal	G	VS2	62.2	54.0	12800	0.0	0.00	0.0
26243	1.20	Premium	D	VVS1	62.1	59.0	15686	0.0	0.00	0.0
27429	2.25	Premium	H	SI2	62.8	59.0	18034	0.0	0.00	0.0
49556	0.71	Good	F	SI2	64.1	60.0	2130	0.0	0.00	0.0
49557	0.71	Good	F	SI2	64.1	60.0	2130	0.0	0.00	0.0

图 2-3

有趣的是，一些 x 为 0 的值，其他维度大都也是 0。本实践项目的背景决定了不允许出现 0 值，因此尽管真实值确实是 0，但最好还是把它归为**缺失值**（Missing Value）。对于缺失值，我们有很多处理方法，最简单的方法是把相关的一整行全部删除，比较复杂的方法是**插值**，即寻找最佳的取值替代缺失值。

常用的插值算法有基于其他特征的缺失值预测或 k 近邻（k-Nearest Neighbor，kNN）算法等。一旦知道如何构建基本的预测模型，我们就可以了解如何使用相关的方法处理缺失值。

这里只是开始，因此只进行简单处理。我们执行下面的操作，先不考虑第一行数据（马上就会处理这一行），删除其余 7 个数据点。当然这里会丢失一些信息，但是原数据集有 53940 个数据点，所以失去 7 个数据点的问题不大，最后留下 x 大于 0 或 y 大于 0 的行：

```
diamonds = diamonds.loc[(diamonds['x']>0) | (diamonds['y']>0)]
```

现在检查一下 x 取值为 0 的唯一一行。已知这一行的索引是 11182，根据这个索引可以找到对应数据点的 pandas 序列：

```
diamonds.loc[11182]
```

输出结果如图 2-4 所示。

现在对 x 中的缺失值使用另一种插值算法。这个数据点代表的钻石价格看起来没有偏离平均价格（或平均重量）太远，因此用 x 的 median（中位数）替代缺失值：

```
carat        1.07
cut         Ideal
color           F
clarity       SI2
depth        61.6
table          56
price        4954
x               0
y            6.62
z               0
Name: 11182, dtype: object
```

图 2-4

```
diamonds.loc[11182, 'x'] = diamonds['x'].median()
```

插值为什么选择中位数呢？因为中位数是位于连续变量分布中间位置的数值，是很好的刻画变量典型取值的指标。此外（不像算术平均值），它不受离群点影响。现在，可以看到，运行以下代码后，x 中就不再有取值为 0 的行了：

```
diamonds.loc[diamonds['x']==0].shape
```

输入如下：

```
(0, 10)
```

现在，对 y 做同样的处理：

```
diamonds.loc[diamonds['y']==0]
```

再次得到一个空的 DataFrame，表明 y 不再有零（缺失）值。最后，看一下 z 等于 0 的行，如图 2-5 所示。

	carat	cut	color	clarity	depth	table	price	x	y	z
11182	1.07	Ideal	F	SI2	61.6	56.0	4954	5.7	6.62	0.0

图 2-5

这只是一个样本，所以用中位数插值没有问题：

```
diamonds.loc[11182, 'z'] = diamonds['z'].median()
```

最后，返回包含数值特征描述性统计量的表格，可以发现 y 和 z 中存在非常大的数值。普通的钻石在任何维度很少会超过 3 厘米（30 毫米），所以足以确定这样的值是错误的。这样的值只有 3 个，最保险的办法是删掉：

```
diamonds.loc[(diamonds['y'] > 30) | (diamonds['z'] > 30)]
```

输出结果如图 2-6 所示。

	carat	cut	color	clarity	depth	table	price	x	y	z
24067	2.00	Premium	H	SI2	58.9	57.0	12210	8.09	58.90	8.06
48410	0.51	Very Good	E	VS1	61.8	54.7	1970	5.12	5.15	31.80
49189	0.51	Ideal	E	VS1	61.8	55.0	2075	5.15	31.80	5.12

图 2-6

现在，通过否定这 3 个数据点的条件把它们从数据集中删除：

```
diamonds = diamonds.loc[~((diamonds['y'] > 30) | (diamonds['z'] > 30))]
```

至此，数据集的预处理也已经完成。当然，在实际应用中获得"干净"的数据集会花费更多的精力和时间，这里只是一个小小的示例。数据集中还有 3 个分类变量需要处理，即 cut、clarity 和 color。引入下一个实践项目后，我们会再次讨论这些变量。

2.4　实践项目——信用卡违约

这是本书的第二个实践项目，目标是解决**分类**问题。这个项目的预测分析过程从理解问题和定义问题开始，类似于钻石价格数据集的处理过程。

2.4.1　信用卡违约——理解问题和定义问题

TFI 是一家金融机构，有发行信用卡的业务。这家机构一直在监测客户违约率的上升情况。他们对于"违约"的定义为"客户拖欠还款超过一个月"。违约会对公司的收入产生负面影响。如果机构能够预测到哪些信用卡持有人会违约，就可以采取一些应对措施。在这个实践项目中，TFI 要求工程师提供一个预测模型，帮助该机构解决上述问题。他们提供可用的客户数据，每位客户有两种类型的数据，即个人信息（Profile Data）和历史还款数据（顺便说一下，数据来源是真实的，由一家金融机构提供）。这个数据集的元数据如下。

- SEX：性别（1 表示男性；2 表示女性）。

- EDUCATION：教育水平（1 表示研究生；2 表示大学；3 表示高中；4 表示其他）。

- MARRIAGE：婚姻状况（1 表示已婚；2 表示单身；3 表示其他）。

- AGE：年龄（岁）。

- LIMIT_BAL：授信金额，既包括个人消费信贷，也包括家庭（补充）信贷。

- PAY_0～PAY_5：还贷的历史记录。过去每月还款记录（2005 年的 4 月到 9 月）的追踪方式为 0 表示 2005 年 9 月的还款情况，1 表示 2005 年 8 月的还款情况，……，5 表示 2005 年 4 月的还款情况。还款拖欠程度的度量为–1 表示按时还款，1 表示延迟一个月还款，2 表示延迟两个月还款，……，8 表示延迟还款 8 个月，9 表示延迟还款 9 个月及以上。

- BILL_AMT1～BILL_AMT6：账单金额。X12 为 2005 年 9 月的账单金额，X13 为 2005 年 8 月的账单金额，……，X17 为 2005 年 4 月的账单金额。

- PAY_AMT1～PAY_AMT6：预先还款的金额。

- Default payment next month：下个月的默认还款金额。

2.4.2 信用卡违约——提出解决方案

现在我们明确了这家机构的业务问题，接着用更专业的术语解释一遍，即"**观测单元是客户，数据集由 24 个属性组成，将每个客户视为一个数据点**"。

1. 目标

这个实践项目的目标是使用数据集包含的特征（除 Default payment next month 列之外的所有列）构建一个预测模型，基于两种类型的特征——个人信息和历史还款数据——预测哪些客户会在下一次信用卡还款中违约。TFI 会根据这个模型的预测结果对潜在的违约者采取某些措施，进而最小化违约损失。

这是项目开发的指导目标。

2. 方法

预测目标是哪些客户会在下一次信用卡还款中违约。在这个项目中，客户只有两种选择，要么还款，要么违约。目标变量的取值或类别只有两种可能，因此这是一个分类变量。它的类别只能取固定的个数，这时是两个。这里的目标变量是分类变量，因此这个问题是**分类问题**。在预测分析中，如果目标是一个分类变量，那么问题属于**分类任务**。这一类问题在实际应用中很常见。

常见的分类问题如下。

- 将交易分类为欺诈交易和正常交易。
- 将电子邮件归类，如分为垃圾邮件、广告邮件、社交邮件和信箱邮件等。
- 识别将离开公司的客户（流失的客户）。
- 对进入急诊室的患者进行风险分级（低、中、高）；对组织中的癌症类型进行分类。

这里处理的问题的目标包含两个类别（还款或违约），因此我们将这一类问题称为二元分类问题。当目标包含多个类别时，分类问题就是多元分类问题。

处理的方法是**构建二元分类模型，以下个月的默认还款作为目标，以客户的个人信息和历史还款数据作为特征**。

3．模型的评价指标

和前文一样，这里也有一些非常重要的问题，如何评估预测模型的性能呢？答案是需要合适的指标。与回归问题一样，分类问题也有许多常用的标准化度量指标。

从直觉的角度来说，好的模型会产生好的预测。模型应该将那些下个月会还款的客户识别为"将会还款的"，将那些下个月不会还款的客户识别为"将会违约的"。当然，实际上没有模型能够提供完美预测，也就是说模型可能会"犯错"，但会犯的错误属于什么类型呢？这里处理的是二元分类问题，因此模型只可能犯如下两种类型的错误。

- 事实上，用户会违约时，模型预测他会**还款**。
- 事实上，用户会还款时，模型预测他会**违约**。

在决定模型性能的评价时，我们必须考虑这两种类型的错误。我们认为：**模型要使用指标进行评价，指标要考虑到模型会犯的两种错误；评价方法要与公司策略保持一致，从而尽量减小信用卡违约的影响**。

4．项目的可交付成果

TFI 的管理人员说，他们除了想知道哪些客户会违约，还想知道这些客户**为什么会**

违约。

换句话说，他们想知道与违约最相关的特征是什么。他们希望得到客户违约的详细分析报告，这样可以更好地了解这个问题，并采取某些相应的措施。他们需要**切实可行的成果**。因此，交付的成果不仅要包含预测模型，还要包含对信用卡违约问题的重要理解。

2.4.3 信用卡违约——收集数据和准备数据

现在我们已经明确了问题，可以动手处理数据了！具体步骤如下。

- 载入一些有用的库：

```
import numpy as np
import pandas as pd
import os
```

- 载入数据集：

```
DATA_DIR = '../data'
FILE_NAME = 'credit_card_default.csv'
data_path = os.path.join(DATA_DIR, FILE_NAME)
ccd = pd.read_csv(data_path, index_col="ID") # we are using the
ID of the customer as index column
ccd.head()
```

- 在 DataFrame 上用 head() 方法可以查看数据集的一部分，如图 2-7 所示。

	LIMIT_BAL	SEX	EDUCATION	MARRIAGE	AGE	PAY_0	PAY_2	PAY_3	PAY_4	PAY_5	...	BILL_AMT4	BILL_AMT5	BILL_AMT6
ID														
1	20000	2	2	1	24	2	2	-1	-1	-2	...	0	0	0
2	120000	2	2	2	26	-1	2	0	0	0	...	3272	3455	3261
3	90000	2	2	2	34	0	0	0	0	0	...	14331	14948	15549
4	50000	2	2	1	37	0	0	0	0	0	...	28314	28959	29547
5	50000	1	2	1	57	-1	0	-1	0	0	...	20940	19146	19131

图 2-7

- 使用 ccd.shape() 方法，可以发现数据集有 30000 行、24 列，结果如下：

```
(30000, 24)
```

 数据集事实上有 25 列，这里使用 ID 列作为 DataFrame 的行索引。pandas 对象中的轴标签信息作用很多，如下所示。

➢ 它利用已知的重要指标对数据（通过提供元数据）进行了标识，可以对数据进行分析、可视化以及将数据在交互式的平台上展示。

➢ 它支持自动和显式的数据对齐。

➢ 它允许直接获取和设置数据集子集。

- 在使用 pandas 时，如果数据集中有一列可以当作唯一的数据点标识符，则建议把它作为索引。

在 pandas 的术语中，轴 0 对应 DataFrame 的行，轴 1 对应 DataFrame 的列。这也许会引起混淆，但在官方文档中皆是如此描述的，所以建议你遵循这种用法。本书将沿用上述术语来指代数据框的行和列。

- 本书会在分析中多次提到 DataFrame 的列，为方便起见，我们用小写字母表示列：

```
ccd.rename(columns=lambda x: x.lower(), inplace=True)
```

- 这行代码对 DataFrame 的列运用了 lambda 函数 x.lower()，并用参数 inplace=True 把这种更改固定下来。

这是 pandas 方法的一个示例，既可以进行改变而不修正对象（inplace=False），也可以使用 inplace=True 修正对象。

1. 信用卡违约——数值特征

我们来看一下数据集中的数值特征。具体步骤如下。

- 创建一些包含特征组名称的列表，稍后可以看到其作用：

```
bill_amt_features = ['bill_amt'+ str(i) for i in range(1,7)]
pay_amt_features = ['pay_amt'+ str(i) for i in range(1,7)]
numerical_features = ['limit_bal','age'] + bill_amt_features +
pay_amt_features
```

- 查看表中各列的统计汇总情况，看看是否有不正常的取值：

```
ccd[['limit_bal','age']].describe()
```

- 输出结果如图 2-8 所示。

limit_bal 这一列的取值范围是 10000～1000000，均值大约是 16.7 万，其中有少数高额度账户，大多数账户的取值是接近平均值的，这些都符合预期。在 age 列，我们可以看到数值在 21 和 79 之间，这些值也符合预期。现在我们来看账单金额的特征：

```
ccd[bill_amt_features].describe().round()
```

输出结果如图 2-9 所示。

	limit_bal	age
count	30000.000000	30000.000000
mean	167484.322667	35.485500
std	129747.661567	9.217904
min	10000.000000	21.000000
25%	50000.000000	28.000000
50%	140000.000000	34.000000
75%	240000.000000	41.000000
max	1000000.000000	79.000000

图 2-8

	bill_amt1	bill_amt2	bill_amt3	bill_amt4	bill_amt5	bill_amt6
count	30000.0	30000.0	30000.0	30000.0	30000.0	30000.0
mean	51223.0	49179.0	47013.0	43263.0	40311.0	38872.0
std	73636.0	71174.0	69349.0	64333.0	60797.0	59554.0
min	-165580.0	-69777.0	-157264.0	-170000.0	-81334.0	-339603.0
25%	3559.0	2985.0	2666.0	2327.0	1763.0	1256.0
50%	22382.0	21200.0	20088.0	19052.0	18104.0	17071.0
75%	67091.0	64006.0	60165.0	54506.0	50190.0	49198.0
max	964511.0	983931.0	1664089.0	891586.0	927171.0	961664.0

图 2-9

这些是过去 6 个月的账单金额特征。可以看到，在每个账单金额特征下，最小值都是负值。这表示客户使用了金融机构提供给他们的信用额度，所以这些特征中有负值是正常的。目前，这些值看起来没有异常，都还不错。现在我们来检查还款金额的特征：

```
ccd[pay_amt_features].describe().round()
```

输出结果如图 2-10 所示。

	pay_amt1	pay_amt2	pay_amt3	pay_amt4	pay_amt5	pay_amt6
count	30000.0	30000.0	30000.0	30000.0	30000.0	30000.0
mean	5664.0	5921.0	5226.0	4826.0	4799.0	5216.0
std	16563.0	23041.0	17607.0	15666.0	15278.0	17777.0
min	0.0	0.0	0.0	0.0	0.0	0.0
25%	1000.0	833.0	390.0	296.0	252.0	118.0
50%	2100.0	2009.0	1800.0	1500.0	1500.0	1500.0
75%	5006.0	5000.0	4505.0	4013.0	4032.0	4000.0
max	873552.0	1684259.0	896040.0	621000.0	426529.0	528666.0

图 2-10

这些特征与客户还款的历史数据相对应。正如预料的，每个还款金额特征的最小值都是 0。这些 0 值对应着未曾还款的客户。这些特征的均值明显低于账单金额的均值，表明平均来说客户的还款金额远远低于花费金额。同时，我们可以看到大部分的数值相对较小，但最大值非常大。上面的统计简单刻画了资金数据的预期分布特征。

目前，快速检查后，我们没有发现这些特征有任何问题，还对它们有了一些深入的理解。接下来，我们检查数据集中的分类变量。

2. 对分类特征进行编码

快速检查数据集的第一行，我们可以发现 DataFrame 中只有数值变量，但是根据数据集的描述可以了解到许多特征事实上是分类变量，数据集中的数字只是表示信息的编码，表示不同的类型。

使用数字表示类别必须很小心。这种方法的主要缺陷在于，许多模型（如 Python 中所有 scikit-learn 模型）会把这些数字当作数值变量的**值**。比如，许多模型会把 sex 列中的数字 2 当成实际中的数字 2，而非"客户是一位女性"。类似地，这一列中的 1 也会被当作数字 1 进行处理，这意味着在 sex 列中，女性客户的"数量"是男性客户的"两倍"，这当然没有意义。仅从信息的角度看，任意编码都可以完成这项工作，比如这几种设置：-1 = male, 2=female；0.25=male, 52.3=female；-2.36=male, -6.33=female，其中任何一种编码都可以保持信息不变。但是，从模型的角度看，这些编码方式都不够好。有一种名为 **one-hot 编码**的编码方法，用一组 0 和 1 组成的列代表分类变量，其优势相对明显。它的优点很多，而最大的优点在于它的数学性质。

最简单的分类变量是二元分类变量，就像 sex 列。可以考虑两种等价的编码方法来表示这类变量，第一种方法是创建一个名为 male 的新列，观测为男性时取值为 1，观测为女性时取值为 0，因为一个人不是男性就是女性。第二种方法与第一种相反，女性取值为 1，男性取值为 0，并调用新列 female。从模型的角度看，这两种方法是等价的，哪一种都可以。

- 开始第一种方法：

```
ccd['male'] = (ccd['sex'] == 1).astype('int')
```

- 新创建的 male 列的前 10 个值如图 2-11 所示。

- 在其他学科中（如计量经济学），这种类型的变量称为**哑变量**或**二元变量**。这里选择术语为**指标变量**（或**指标特征**），1 表示该属性存在，这时客户的属性是男性，0 表示该属性缺失。

```
ID
1     0
2     0
3     0
4     0
5     1
6     1
7     1
8     0
9     0
10    1
Name: male, dtype: int32
```

图 2-11

后续章节会讲到，对许多模型来说，这一类变量的数学性质很简单，计算起来很方便。接下来我们展示一个有用的性质，指标变量的均值对应样本相应属性的比例：

```
ccd['male'].mean()
```

得到结果 0.3962666，对应数据集中的男性比例。

好了，现在我们已经了解如何对二元分类变量（它只有两个属性）进行编码。现在来看对多元分类变量如何使用 one-hot 编码，例如 education 特征。根据数据集的描述，它有 4 个不同的类别：1 = grad_school、2 = university、3 = high_school 和 4 = others。

再检查一下取值的分布：

```
ccd['education'].value_counts(sort=False)
```

输出结果如图 2-12 所示。

结果有点奇怪，数据范围应该是 1~4，但结果出现了 0、5 和 6。这些值的含义尚不清晰，所以应该先判断

```
0       14
1    10585
2    14030
3     4917
4      123
5      280
6       51
Name: education, dtype: int64
```

图 2-12

这些是不是缺失值、又或者它们是否属于其他的类别。这个示例中的变量相对较少，因此假设 0、5 和 6 这 3 个值实际上是 4，表示"其他"教育水平。这里对 education 特征创建 one-hot 编码，该编码只为前 3 个类别"研究生""大学""高中"创建相应的指标变量：

```
ccd['grad_school'] = (ccd['education'] == 1).astype('int')
ccd['university'] = (ccd['education'] == 2).astype('int')
ccd['high_school'] = (ccd['education'] == 3).astype('int')
```

也许有人会问："数据在 education 上不是有 4 个类别吗？为什么这里只创建 3 个指标变量？"这个问题很好！答案是这 3 个指标变量同时等于零就已经隐含了 others 类别的信息。对于这些数据点来说，这表示对应的教育水平是"其他"。对 DataFrame 的行进行过滤，再观察 education 列，可以验证这一点：

```
ccd.loc[(ccd['grad_school']==0) & (ccd['university']==0) &
(ccd['high_school']==0)]['education']
```

得到的一些序列取值如图 2-13 所示。

哪些取值应该对应"其他"教育水平呢？可以看到，包含客户"其他"教育水平的信息已经隐含地包含在创建的指标变量中。同样，对于 sex，

```
ID
48      5
70      5
359     4
386     5
449     4
503     6
505     6
1074    6
1266    5
1283    5
1367    4
1370    5
1491    4
1832    6
```

图 2-13

这一变量有两个类别，并不需要为男性生成一个指标变量，为女性生成另一个指标变量。一个指标变量就足够表示信息。事实上，对于许多模型来说，如果包含了多余变量，还会引起新问题，如多重共线性。当某个变量的取值可以通过其他变量的线性组合表示时，这种问题就会发生。

例如，如果客户是女性，则将 female 定义为 1；如果客户不是女性，则将 female 定义为 0。容易看出：

$$\text{female}+\text{male}=1 \Rightarrow \text{female}=1-\text{male}$$

同样，对于 education，因为每位客户都只属于一种教育类别，因此指标变量有：

$$\text{grad\_school}+\text{university}+\text{high\_school}+\text{others}=1$$

可以导出：

$$\text{others}=1-\text{grad\_school}-\text{university}-\text{high\_school}$$

最后一个等式表明，可以从代表其他 3 个类别的列中获得另一列的取值。这就是共线性的例子，构建模型时，我们必须避免这种情况，否则很可能导致模型出错。

> 在对包含 k 个类别的分类特征使用 one-hot 编码时，我们只用 k-1 个指标变量就可以表示相同的信息。如果引入 k 个指标变量，数据集中就会有共线性，预测模型就会出错。构建模型时，我们可以使用任意 k-1 个类别，信息是等价的。被排除在外的类别称为基础类别，表示参考值或默认值，即其他所有指标变量都为 0 时的情形。当本书在后文使用这些编码体系建模时，意义会更清晰。

3. 低方差特征

下面我们继续处理下一个分类变量 marriage。

- 计算不同类别的总数和各自的比例：

```
ccd['marriage'].value_counts(sort=False)
```

- 输出结果如图 2-14 所示。

- 可以得到 3 个类别：1 = married；2 = single；3 = other。

```
1     13713
2     15964
3       323
Name: marriage, dtype: int64
```

图 2-14

如前所述，类别有 3 个，需要的指标变量就是两个，可以用 3 个指标变量中的任意两个，结果是等价的。下面的代码使用了 other 和 single：

```
ccd['single'] = (ccd['marriage'] == 2).astype('int')
ccd['marital_other'] = (ccd['marriage'] == 3).astype('int')
print("Proportion of singles: ", ccd['single'].mean())
print("Proportion of other marital status: ", ccd['marital_other'].mean())
# Proportion of singles: 0.5321333333333333
# Proportion of other marital status: 0.010766666666666667
```

可以看到，婚姻状况为 other 的客户比例大约占 1%，这表示接近 99% 的客户在这个指标变量上取值为 0。换句话说，这个指标变量的取值几乎是一个常数。

这种类别的特征通常无法提供模型的信息。这些特征的取值几乎不变化（因此方差接近于 0），故又称为低方差特征，缺乏变化性的特征不具备任何预测价值，所以最好不要用来建模。

> 如果检测到方差非常接近 0 的特征（数值的或二元的），最好不要考虑它，它缺乏预测价值。

4. 近似共线性

现在可能有人还会问：“如果用 married 和 single 来创建指标变量，结果会怎样呢？”这两个特征肯定有很多变化。

- 创建 married 列：

```
ccd['married'] = (ccd['marriage'] == 1).astype('int')
```

- 新的 married 列已经创建好。单从 married 列和 single 列本身来讲，看起来还不错。但是放在一起考虑时，下列情况总是 true，即未婚的客户总是单身的（single），也就意味着下列等式总是成立的：

$$married+single=1 \Rightarrow married=1-single$$

- 这表示通过 married 特征的取值可以知道 single 特征的取值，这就是“近似共线性”，应予以避免。运行下面的代码可以验证上面的等式：

```
(ccd['married'] == (1 - ccd['single'])).mean()
```

- 上述代码的运行结果为 0.9823，这是前面等式成立的观测比例。换句话说，对接近 99% 的观测来说，这两个特征包含的信息是相同的。

这里反映了与前面相同的问题，即存在有低方差特征。记住，one-hot 编码都是等价的，其逻辑在于使用不同的编码都会遇到相同的问题。那么对策是什么呢？这时应该对原始 married 特征的信息只使用一个指标变量进行编码。当然，损失的是婚姻状况为 other 的大约 323 位客户的信息，但优点是避免了引入低方差特征，也就避免了等价的问题，即对几乎 99% 的数据点来说，两个特征包含的信息是相同的。

5. pandas 的 one-hot 编码

one-hot 编码是分析中很常见的操作，pandas 提供了相关的函数，可以计算代表分类变量的新特征。回顾一下钻石价格数据集中相关的待解决问题，从这个数据集出发，使用 pandas 的功能，可得到其中 3 个分类变量的 one-hot 编码（cut、clarity 和 color）。

- 看看 pd.get_dummies() 函数如何工作：

```
pd.get_dummies(diamonds['cut'], prefix='cut')
```

- 图 2-15 展示了上述代码运行后的前几行数据。

	cut_Fair	cut_Good	cut_Ideal	cut_Premium	cut_Very Good
0	0	0	1	0	0
1	0	0	0	1	0
2	0	1	0	0	0
3	0	0	0	1	0
4	0	1	0	0	0
5	0	0	0	0	1
6	0	0	0	0	1

图 2-15

- 可以看到，生成的新 DataFrame 包含 5 个类别，对应着 cut 特征的 5 个属性。

- 但是，建模不需要为每个类别指定一个指标变量，对于有 k 个类别的分类特征，只需要 $k-1$ 个指标变量。

- 这 5 个类别只需要 4 个指标变量来描述（并避免共线性）。这也是 pd.get_dummies() 函数有另外的布尔型参数 drop_first=True 的原因，它删除了第一个类别：

```
pd.get_dummies(diamonds['cut'], prefix='cut', drop_first=True)
```

- 图 2-16 展示了上述代码运行后的前几行数据。

	cut_Good	cut_Ideal	cut_Premium	cut_Very Good
0	0	1	0	0
1	0	0	1	0
2	1	0	0	0
3	0	0	1	0
4	1	0	0	0
5	0	0	0	1
6	0	0	0	1

图 2-16

- 这就是建模所需要的数据，第一个类别（这里是 Fair）变成了基本类别。

- 基于数据集创建包含 3 个分类特征的 one-hot 编码，并添加到已处理过的 DataFrame 上：

```
diamonds = pd.concat([diamonds, pd.get_dummies(diamonds['cut'],
prefix='cut', drop_first=True)], axis=1)
diamonds = pd.concat([diamonds,
pd.get_dummies(diamonds['color'], prefix='color',
drop_first=True)], axis=1)
diamonds = pd.concat([diamonds,
pd.get_dummies(diamonds['clarity'], prefix='clarity',
drop_first=True)], axis=1)
```

- pd.get_dummies() 函数生成了另一个 DataFrame，因此需要把这个列连接到（或添加到）原始 DataFrame。

这里使用了 pd.concat() 函数，并用参数 axis=1 表明希望连接列表中给定的两个 DataFrame 的列（它是 pd.concat 的第一个参数）。

6. 特征工程简介

特征工程是使用原始数据创建预测模型所需特征的过程。此外，对已经存在的特征进行应用、变换并组合定义新的特征的过程，也被认为是特征工程。根据数据和问题可知，特征工程很可能是预测分析过程中的关键，极有可能促成模型的建立或破坏模型。实现特征工程可以使用许多标准化技术，我们将在后几节讲解其中一部分。不过大部分时候，这种行为建立在常识、直觉以及**专业知识**的基础之上，更像一门艺术。

哪些特征变换可以视为特征工程，这个问题还存在争议。例如，将货币特征（如授信金额、还款金额等）从"美元"转换为"一千美元"，大多数从业者不会认同这种变换是特征工程。就本书而言，精确的定义并不重要，重要的是如何构建新特征，从而更好地解决问题。

这里从一个简单的例子开始介绍特征工程。有些特征虽然定义很好，但在实践中还需要根据常识和专业知识确定恰当的使用方法。下面以 pay_1 特征为例，它代表上个月的还款状态。根据数据集的描述，不同的对应值表示不同的拖欠期限：–1 表示按时还款，1 表示延迟 1 个月还款，2 表示延迟 2 个月还款，……，8 表示延迟 8 个月还款，9 表示延迟 9 个月或更多时间还款。现在看一下数据集中取值的分布：

```
ccd['pay_1'].value_counts().sort_index()
```

现在看看取值的汇总，如图 2-17 所示。

对于正整数取值，数值对应着客户拖款的月数。但是，对于–2 和 0 这样的取值，我们就难以理解其意义了。可以看到，0 这个值对应着最大的观测数目。假设再次向数据提供方询问这些值的情况，他们会回答，事实上对所有还款变量，"–2、–1 和 0 都对应着那些在这个月没有违约的人。"这可以理解。但是，这些特征应该当作分类特征还是数值特征呢？这些特征的使用方式有很多，但此刻只考虑下列两种方式。

```
-2     2759
-1     5686
 0    14737
 1     3688
 2     2667
 3      322
 4       76
 5       26
 6       11
 7        9
 8       19
Name: pay_1, dtype: int64
```

图 2-17

- 仅将–1 和–2 变换为 0（这些人没有违约，即延迟了 0 个月），使用这个特征和它们的取值，把它们看作数值特征。这种变换不是特征工程，只是清洗数据。

- 把它们变换为只有两个类别的分类特征，两个类别分别为 pay 和 delayed。这是有意义的，这就是特征工程的一个示例。

从性能的角度出发，模型无法提前确定最优特征。所以先要清洗 pay 特征，再生成新特征，作为表示相应月份延迟状态的特征。换句话说，特征 delayed_i 表示着该客户是否延迟了他在 i 个月前的还款：

```
# fixing the pay_i features
pay_features= ['pay_' + str(i) for i in range(1,7)]
for x in pay_features:
    ccd.loc[ccd[x] <= 0, x] = 0
```

```
# producing delayed features
delayed_features = ['delayed_' + str(i) for i in range(1,7)]
for pay, delayed in zip(pay_features, delayed_features):
    ccd[delayed] = (ccd[pay] > 0).astype(int)
```

现在生成了新特征，作为示例，可以计算在过去 6 个月中每个月都延迟还款的客户比例：

```
ccd[delayed_features].mean()
```

输出结果如图 2-18 所示。

```
delayed_1    0.227267
delayed_2    0.147933
delayed_3    0.140433
delayed_4    0.117000
delayed_5    0.098933
delayed_6    0.102633
dtype: float64
```

图 2-18

结果显示，延迟还款的客户比例在增长，尤其是在上个月。

下面是另一个特征工程的示例。按照常识，客户在过去 6 个月中延迟还款的月数可能是下个月是否违约的标识。这个假设看起来比较合理。但除非更仔细地检查数据，否则这种情况无法确定。下面创建新特征：

```
ccd['months_delayed'] = ccd[delayed_features].sum(axis=1)
```

在 pandas DataFrame 中实现不同的聚合操作（如求均值、求和、求最大值、求最小值等）时，有 3 种方式可以使用，即按行、按列或者在整个 DataFrame 中进行操作，通过指定实现的轴就可以完成。如果想对每一行求所有列之和，可以使用 axis=1；如果想对每一列求所有行之和，可以使用 axis=0。这容易混淆，多练几次便可以掌握。

当然，这些新特征也许会在数据集中引入共线性的问题，所以建模不应该联合使用新特征与各个 delayed 特征。但是，这些新特征可以帮助理解违约背后的因素。

2.5　小结

在本章中，我们介绍了预测分析过程的两个阶段：理解问题和定义问题；收集数据和准备数据。我们先介绍了理解问题和提出解决方案需要慎重考虑的因素，引入了回归任务和分类任务的概念；接着介绍了动手处理数据集，以备后续使用。在收集数据与准备数据时，我们根据这些数据集引入了一些重要概念，如 one-hot 编码、离群点、缺失值、共线性以及特征工程，最后介绍了用 pandas 进行载入、探索、变换，并准备了一个数据集，以便在预测分析过程的下一个阶段继续使用。

在第 3 章中，我们将研究预测分析的目标和一些探索性数据分析的重要技术。

扩展阅读

- Berry M J, Linoff G, 1997. *Data mining techniques: for marketing, sales, and customer support*. John Wiley & Sons, Inc.

第3章　理解数据集——探索性数据分析

本章主要内容

- EDA 的概念。

- 用 EDA 理解数据集的方法。

- 一元 EDA。

- 二元 EDA。

- 图形化的多元 EDA 简介。

在本章中，我们将介绍 EDA 的主要技术。我们先解释预测分析过程阶段的一般性目标，然后讨论其实现方式。

一种常见的对 EDA 技术进行分类的方式，是根据分析变量的个数——一个、两个还是多个进行分类。因此，本章各节的主要主题分别是"一元 EDA""二元 EDA""图形化的多元 EDA"。在一元分析和二元分析中，要根据特征的类型选择相应的数值和图形技术。

在本章中，我们用钻石价格数据集来讲解一元 EDA 和二元 EDA，先通过示例介绍常见的可视化方式，接着借鉴散点图、箱型图和其他方法进行可视化，并根据图形解释变量之间的关系；使用信用卡违约数据集作为多元 EDA 的示例，介绍如何利用 Seaborn 生成复杂的图形。

对于本章相关的统计学定义，你应该在统计相关课程上学过，因此本章不再叙述。在本章中，我们更侧重于阐释概念，并给出相关的应用示例。本章的目标是介绍 EDA 技术的基础，从而帮助你解决问题。

3.1 技术要求

- Python 3.6 及更高版本。

- Jupyter Notebook。

- 最新版本的 Python 库：NumPy、pandas、Matplotlib 以及 Seaborn。

3.2 什么是 EDA

正如第 1 章所述，EDA 是数值技术和图形技术的结合，有助于让人理解数据集的特点、特征以及特征之间的潜在关系。

记住，这一阶段的目标是理解数据集，但并不等同于生成汇总统计量、好看的可视化图形或实现复杂的多元分析。这些处理只是实现最终目标的方式。

此外，不要混淆"计算"和"理解"。谁都可以借助函数计算数值特征的标准差，比如借助 pandas 序列方法中的 `std()`，而这里的工作是根据这个数值深入理解数据集的特征。

下面我们再给一个例子。通常情况下，谁都可以区分对称分布和偏态分布，但问题的关键并不是判断一个特征属于对称分布还是偏态分布，而是通过分布特点挖掘数据的信息，在问题所处的特定背景中予以实际解释。

现在我们知道了为什么要使用 EDA，但 EDA 的实践应用会是什么样子呢？首先，它相当"混乱"。在此过程中，我们会发现尝试了许多无用的方法却更糊涂，会产生错误的想法、得到矛盾的信息，但纠正观点后，又会发现有趣的事实，再返回前一个阶段获取更多的数据或再设计一些新功能……这很难解释，只有亲自实践才能明白。

鉴于数据集的一些细节和特性，这个阶段可能产生的混乱比较多。我们将总体过程归纳如下。

- 准备好数据集，借助标准技术对数据特征进行基本分析，以大致了解数据集。

- 形成数据集的某些假设（从问题的背景出发）。

- 运用 EDA 技术确认/否定假设，给出对先验观念的判断。

- 深入理解数据集，考虑有没有新问题。

- 尝试运用 EDA 技术回答新问题。产生的理解会更多，可能还会出现新的问题。

- 将步骤（4）和步骤（5）重复几次。

- 当理解达到一定的高度时，我们就能进入建模阶段了。

什么时候能够知道理解达到了一定的高度呢？这很难界定。我们不妨思考下面的问题，看看经过分析后是否有答案。

- 数据集包含的变量有什么类型？

- 它们的分布是什么样的？

- 有缺失值吗？

- 有冗余特征吗？

- 主要特征之间的关系是怎样的？

- 可以观察到离群点吗？

- 不同的特征对之间的关系是什么样的？它们的相关系数有什么意义？

- 特征和目标之间的关系是怎样的？

- 假设得到确认或拒绝了吗？

- 哪些因素会影响建模策略？

在回答问题的过程中，我们会删除旧特征、设计新特征、合并分类特征的类别、对特征进行变换、收集更多的数据，还会做其他许多事情。和前面的讨论一样，预测分析过程不是"线性化"的，甚至在接近这个阶段的尾声时，我们还会发现要再次重复这个阶段。

EDA 技术有两种互补的类型：数值计算和可视化。

之所以说这两种类型是互补的，是因为把数值计算技术和可视化技术结合起来使用往往能获得更好的理解。不同的技术可以帮助我们识别某些特征，但是可能会忽略另一些特征，因此最好以一种互补的方式使用它们，以更好地理解数据集。

我们在本章讲到的技术都是实际应用中常见的。但是，实现目标的正确方法有很多，其中有些方法会比另一些更好，有些则会一样好。在某些情况下，选择只是个人喜好的问题。

和所有复杂的主题一样，EDA 包含了大量的创造性。事实上，我们把 EDA 视为艺术。为了理解数据集或者交流更深的想法，我们甚至可以发明一些新技术或新方法。

3.3　一元 EDA

顾名思义，一元 EDA 是运用于单个特征（变量）的 EDA。在数据集的所有特征上进行一元 EDA，只是预测分析的第一步，也是一种规范。这里的目标是根据典型值、变异系数、分布等统计量理解每一个特征及其特性。

接下来，我们使用钻石价格数据集。和之前一样，先导入必要的库，如下所示：

```
import numpy as np
import pandas as pd
import matplotlib.pyplot as plt
import seaborn as sns
import os
%matplotlib inline
```

然后载入原始的钻石价格数据集，执行第 2 章介绍过的所有变换，以处理变换过的数据集，如下所示：

```
DATA_DIR = '../data'
FILE_NAME = 'diamonds.csv'
data_path = os.path.join(DATA_DIR, FILE_NAME)
diamonds = pd.read_csv(data_path)
## Preparation done from Chapter 2
diamonds = diamonds.loc[(diamonds['x']>0) | (diamonds['y']>0)]
diamonds.loc[11182, 'x'] = diamonds['x'].median()
diamonds.loc[11182, 'z'] = diamonds['z'].median()
diamonds = diamonds.loc[~((diamonds['y'] > 30) | (diamonds['z'] > 30))]
diamonds = pd.concat([diamonds, pd.get_dummies(diamonds['cut'],
prefix='cut', drop_first=True)], axis=1)
diamonds = pd.concat([diamonds, pd.get_dummies(diamonds['color'],
prefix='color', drop_first=True)], axis=1)
diamonds = pd.concat([diamonds, pd.get_dummies(diamonds['clarity'],
prefix='clarity', drop_first=True)], axis=1)
```

首先需要区分数值型和分类型这两种类型的特征，每种类型都要运用相应的技术。

根据数据集创建包含特征名称的两个列表：

```
numerical_features = ['price', 'carat', 'depth', 'table', 'x', 'y', 'z']
categorical_features = ['cut', 'color', 'clarity']
```

3.3.1 数值特征的一元 EDA

我们在第 2 章中准备这个数据集时生成了数值特征的描述性统计量，接下来用这些统计量来识别数据中可能存在的问题，用均值、标准差和分位数来确定某些较大的观测值是不是离群点。

在本节中，我们将从这些描述性统计量中提取更多的信息，以深入理解每个特征。

下面我们计算数值型 EDA 较为常用的描述性统计量。这些统计量其实很常见，pandas 的 describe() 序列方法中也提供了相关的计算，比如计算总数、均值、标准差、最小值、最大值，以及 25%、50%、75% 的分位数。这些统计量有助于识别数值特征的一些重要特性。

现在，你应该对这些描述性统计量有了基本的理解（或至少略知一二）。这些描述性统计量的定义可参见相关统计学入门图书或者互联网，因此这里不赘述，而是展示如何通过这些统计量获取有用的信息，以深入理解数据集。

我们用目标特征——钻石价格，作为 EDA 技术的一个应用示例。开始计算前，我们先讨论一下默认用于描述连续变量的直方图。

直方图常用于描述数值变量取值的分布情况，包含一系列不重叠的连续条形图，其中 x 轴为变量的取值，y 轴为观测的频率。我们由直方图可以知道哪些范围取值的出现频率更高，哪些范围取值的出现频率更低。

这种解释似乎有点令人费解。或者我们可解释一下如何用计算机构建直方图，这会更有助于理解。首先，它将整个取值范围划分为一系列等宽的区间（这些区间称为 bin）。接着，对每一个 bin 计算有多少个值属于这个区间，并把条形的高度设置为这个总数。

所有数值特征要计算相同的描述性统计量，因此我们可以用直方图对分布进行可视化。这里写一个简单的小函数以提高效率，代码如下：

```
def desc_num_feature(feature_name, bins=30, edgecolor='k', **kwargs):
    fig, ax = plt.subplots(figsize=(8,4))
    diamonds[feature_name].hist(bins=bins, edgecolor=edgecolor, ax=ax,**kwargs)
    ax.set_title(feature_name, size=15)
    plt.figtext(1,0.15, diamonds[feature_name].describe().round(2),size=17)
```

可以看到，这里用 pandas 的 hist() 方法生成直方图。顺便说一句，pandas 的可视化能力极好，可以直接生成基于 Matplotlib 的图形。基本上，它可以被认为是高级版的

Matplotlib，因此本书将尽可能地使用 pandas。

现在已经准备好生成 price（价格）特征的描述性统计量和直方图，如下所示：

```
desc_num_feature('price')
```

输出结果如图 3-1 所示。

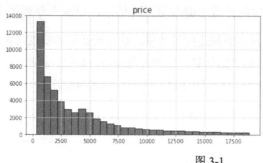

图 3-1

这里创建了包含 30 个 bin 的直方图，每一个 bin 的大小约为

$$\text{bin\_size} \approx \frac{18823 - 326}{30} \approx 617$$

可以看到，第一个条形的区间大约是 300～917（300+617），第一个取值范围内大致有超过 13000 颗钻石，这个取值范围内的观测数目最多。我们从直方图中还可以观察到另一个特点，即价格越高，钻石越少，由此说明昂贵的钻石很少见。

我们还可以得到价格在很大取值范围内的钻石总数图示。分布的右尾（从大约 17500 美元开始，位于直方图右侧）延伸到几乎 19000 美元，这里对应的钻石价格非常昂贵。这就是所谓的右偏分布，尾部是向右的。

直方图常见的一些分布形状如图 3-2 所示。

下面我们来解释一下描述性统计量。

● count（总数）：数据集中有 53930 颗钻石。

● mean（均值）：算术平均值是将所有钻石价格相加再除以所有钻石颗数计算得到的商。均值结果约为 3932 美元，这该如何解释呢？在阅读下文前，试着自己解释一下。如果你的答案是与平均的钻石价格 3932 美元差不多一致，就说明你把均值与平均数混淆了。别着急，谁都会犯错。以典型的统计学教材为例，书中出现的直方图几乎总有一个漂亮的钟形，其外观对称，这样很容易解释均值。均值是一个很有代表性的数值，表示整个分布的中心，可以预见大多数的观测都会围绕着这个数值。在大致对称、钟形分布的情况下（如图 3-2 中左上方的那一幅图），均值可以视为非常好的典型值。但是，实际数据的均值应该如何解释呢？在本书的例子中，因为特征的分布特点，均值的意义并不明显。首先，均值容易受到价格昂贵的钻石影响，所以认为典型的钻石价格接近 4000 美元这个结论是有误导性的。其次，从图 3-1 可以看出，这个均值并非分布的中心，这个分布没有中心（至少在直观上如此）。根据图 3-1，可以认为不存在典型的钻石价格。

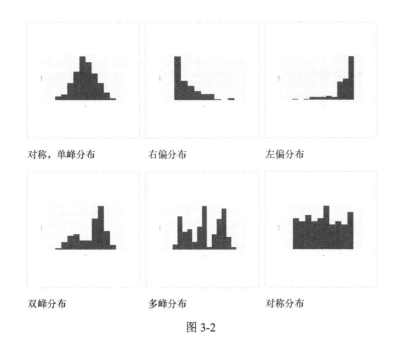

对称，单峰分布　　　　　右偏分布　　　　　左偏分布

双峰分布　　　　　多峰分布　　　　　对称分布

图 3-2

- std（标准差）：这是关于特征的分散或波动的度量，其定义与均值有关。在该例子中，我们可以这样解释：平均而言，钻石价格均值的典型偏差大约是 4000 美元。换句话说，一颗钻石的价格与钻石价格均值的典型偏差大约是 4000 美元。这个值怎么样？高了，还是低了？钻石的价格肯定很高，而这说明钻石价格的变动也很大。这里很大的标准差与之前的观测一致，价格中有很大的变化性，因此不存在典型的钻石价格。

- 25%、50% 和 75%（25%、50% 和 75%分位数）：这些数字既直接义有用。价格的 25% 在 326 美元和 949.25 美元之间。思考一下，样本中 1/4 的钻石（大约 13500 颗）价格在 326 美元和 949.25 美元之间，因此尽管钻石的均值价格接近 4000 美元，但是 1000

美元以下的钻石也很常见。下一个数是 50% 分位数，也称为中位数。它表示处于分布中间的数值，一半的钻石价格低于 2401 美元，另一半高于这个值。这个信息很有价值，虽然我们已经得出了不存在典型的钻石价格的结论，但现在又知道了样本中一半的钻石价格在 326 美元和 2401 美元之间。最后，75% 分位数说明 3/4 的钻石价格低于5324 美元，1/4 的钻石高于这个价格。关于分位数还有这样的结论，一半钻石的价格（中间一半）位于 25% 分位数和 75% 分位数之间，即排除底部的 25% 和顶部的 25%，中间一半钻石的价格在 949.25 美元和 5324 美元之间。换句话说，如果不想买太便宜或太贵的钻石，预计支付金额会在 950 美元和 5300 美元之间（对数值进行了取整）。

我们把上述观点归纳如下。

- 随着价格增加，可以观察到样本中的钻石越来越少。

- 钻石价格中有很高的变化性，事实上，价格的变动范围是 326～18823 美元。

- 价格的高波动性反映在 4000 美元的标准差中。

- 由于价格的高波动性与分布的“厚尾性”，典型的钻石价格并不存在。

- 大约 25% 的钻石价格低于 950 美元（近似）。

- 不太便宜也不太贵的钻石价格范围在 950 美元和 5300 美元之间。

- 一半钻石的价格低于 2401 美元。

- 价格的分布是右偏的。这将影响建模，请牢记。

到现在为止，我们了解了关于目标特征的很多知识，也提取了很多有用的信息，希望这个示例可以有助于解释描述性统计量和直方图。切记，分析的目标是获取有用的信息。

分析需要大量的实践。现在该进入分析阶段了，这时我们需要理解数据集中其余的数值特征。运行下列代码，可以得到每个数值特征的描述性统计量和直方图：

```
for x in numerical_features:
    desc_num_feature(x)
```

代码的输出因为篇幅原因未能在此处展示，但你可以在 Jupyter Notebook 中查看。注意，解释这些数值时要结合问题的背景，同时观察直方图，并描述所见的内容和可获得的有用信息。

前文提到，在所有特征上进行一元 EDA 总是可行的。但如果数据集有数百个甚至数千个特征，该怎么办呢？对每个变量都进行分析是不现实的。但是，对数值变量生成至少一张直方图（使用 for 循环）还是可行的，这样可以快速看到图

中不规则的、奇怪的或意想不到的分布形状。此外，在一大组数值特征上生成
描述性统计量并不难，快速浏览这些数值可以大致了解不同特征的分布情况。

3.3.2 分类特征的一元 EDA

分类特征的类别只有有限种，因此很容易应用 EDA。首先我们要知道每个类别中变
量的数目，一种很常见的方法是把这些数目表示成总数的百分比或比例。

条形图是可视化分类特征分布的默认方式。这里只有 3 个分类特征，因此不会像对
数值特征那样创建函数。

让我们看一下 cut 特征：

```
feature = categorical_features[0]
count = diamonds[feature].value_counts()
percent = 100*diamonds[feature].value_counts(normalize=True)
df = pd.DataFrame({'count':count, 'percent':percent.round(1)})
print(df)
count.plot(kind='bar', title=feature);
```

输出结果如图 3-3 所示。

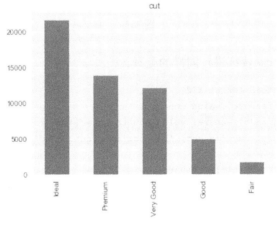

```
           count  percent
Ideal      21549     40.0
Premium    13788     25.6
Very Good  12080     22.4
Good        4904      9.1
Fair        1609      3.0
```

图 3-3

现在对 color 特征重复上面的操作：

```
feature = categorical_features[1]
count = diamonds[feature].value_counts()
percent = 100*diamonds[feature].value_counts(normalize=True)
df = pd.DataFrame({'count':count, 'percent':percent.round(1)})
print(df)
count.plot(kind='bar', title=feature);
```

输出结果如图 3-4 所示。

```
   count  percent
G  11290     20.9
E   9795     18.2
F   9540     17.7
H   8301     15.4
D   6774     12.6
I   5422     10.1
J   2808      5.2
```

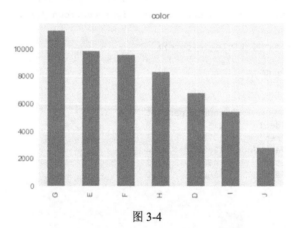

图 3-4

最后，对 clarity 特征进行同样的处理：

```
feature = categorical_features[2]
count = diamonds[feature].value_counts()
percent = 100*diamonds[feature].value_counts(normalize=True)
df = pd.DataFrame({'count':count, 'percent':percent.round(1)})
print(df)
count.plot(kind='bar', title=feature);
```

输出结果如图 3-5 所示。

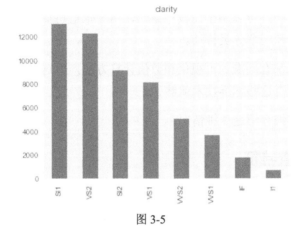

	count	percent
SI1	13065	24.2
VS2	12256	22.7
SI2	9190	17.0
VS1	8168	15.1
VVS2	5066	9.4
VVS1	3654	6.8
IF	1790	3.3
I1	741	1.4

图 3-5

这里不需要太多解释，图中表格和条形图已经非常清楚了。从切割、颜色和净度这3 个因素来说，我们对于钻石的哪种类别更常见、哪种类别更少见已经有了清晰的结论，对数据集也积累了更多的理解。

在用 value_counts() 计算总数时，pandas 会自动地对序列进行降序排列。要不进行排序，可以使用参数 sort=False。要按升序进行排列，可以使用参数 ascending=True。

3.4 二元 EDA

对每个特征分别进行探讨后，接下来我们探索特征之间的关系。二元 EDA 技术可用于探索成对变量之间的关系。

成对关系有多少个？如果数据集有 k 个特征，那么特征对有 $k(k-1)/2$ 个。原始数据集有 10 个特征，所以要分析的特征对有(10×9)/2=45 个。这个数据集非常小（根据特征的个数），但可以看到，公式是二次项，因此随着数据集规模的增加，成对关系的个数也会快速增加。

当然，实际上我们并不需要分析每一个特征对，只需要选择那些有趣的或者有用的。此外，pandas 和 Seaborn 会简化任务的处理，往往仅用几行代码（甚至一行代码）就可以生成大量的子图。

要探索特征对之间的关系，首先要知道特征有哪些类型。同时考虑数值特征和分类特征，共有 3 种组合特性可以用于比较：第一，两个数值特征；第二，两个分类特征；第三，一个数值特征和一个分类特征。

在每种情况下，都有标准的可视化和数值计算方法，但这并不表示没有发挥创造力的空间，更不意味着有这些标准技术就够了。

接下来，我们详细介绍这 3 种情况。

3.4.1　两个数值特征

要分析两个数值特征之间可能的关系，可以使用两种基本的标准工具：一种是可用于可视化的散点图，另一种是用于数值计算的皮尔逊相关系数。

1. 散点图

标准的可视化工具散点图应用广泛、作用很大。散点图通过绘制成对的点就可以轻松得到，其中每个点都对应 x 轴上的一个变量取值和 y 轴上的一个变量取值。

散点图很好地展示了变量之间的关系，可用于寻找具有某种关系的特征。

- **整体模式**。一般来说会发现一个模式，它可以是线性模式、曲线模式、指数型模式或更复杂的模式。

- **强度/噪声**。强度表示模式的清晰程度，或者点与模式的接近程度。此外，也会观察到噪声，噪声表示点与整体模式偏差的数量。模式越强，噪声就越少；模式越弱，噪声就越多。

- **方向**。如果特征之间存在某种关系，可以关注总体性的方向。这个方向可以是正的，也可以是负的，说明如下。

  ➢ **正的**：这意味着两个变量同向运动。一个变量增加时，另一个变量往往也增加；一个变量减少时，另一个变量往往也减少。这时模式是向上的。

  ➢ **负的**：这意味着两个变量反向运动。一个变量增加时，另一个变量往往在减少；一个变量减少时，另一个变量往往在增加。这时整体模式是向下的。

在复杂的情况下，关系可以在某些取值范围为正，在另一些范围为负。

让我们来看一个示例。使用 pandas 生成 carat 和 price 的散点图：

```
diamonds.plot.scatter(x='carat', y='price', s=0.6);
```

输出结果如图 3-6 所示。

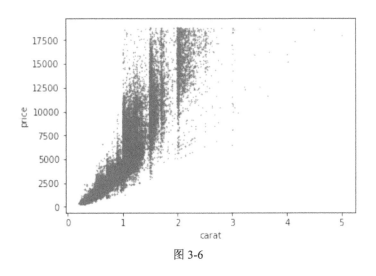

图 3-6

我们该怎样解读这张散点图呢？这里确实有一个模式。

- **整体模式**。这里可以看到一种非线性关系，整体模式可能是二次曲线或指数曲线。

- **强度/噪声**。模式是清晰的，但在这种关系中存在大量噪声。可以想象一条穿过点中心的曲线，但点与曲线之间有很大的偏差。

- **方向**。随着 carat 的增加，价格也在增加，因此关系是正的。

从这张散点图中，我们发现了非线性关系，这会成为建模的重要参考。

正如问题背景中讲过的（见第 1 章），克拉可能是决定钻石价格最重要的特征。现在我们用数据肯定了这个假设，并获得了更多关于克拉与价格关系的知识。

如果模式不存在，该怎么办呢？如果这些特征之间没有关系，散点图看起来就会像一片点云，纯噪声，没有明确的模式。典型的散点图如图 3-7 所示。

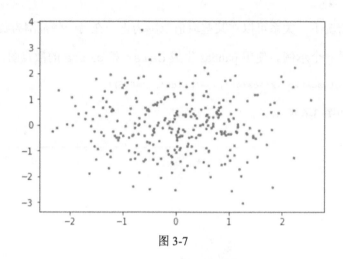

图 3-7

但是，真实世界中没有关系的模式也有很多。例如，看一下 table 和 price 的散点图：

```
diamonds.plot.scatter(x='table', y='price', s=0.6);
```

输出结果如图 3-8 所示。

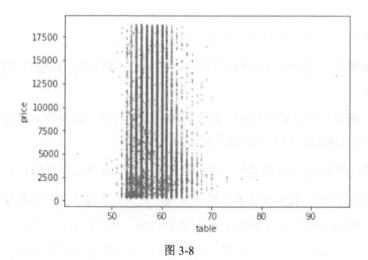

图 3-8

看到模式了吗？如果看到了，请说出来！我们没有看到模式……现在缩小大部分取值的范围，代码如下：

```
diamonds.plot.scatter(x='table', y='price', s=0.6, xlim=(50,70));
```

输出结果如图 3-9 所示。

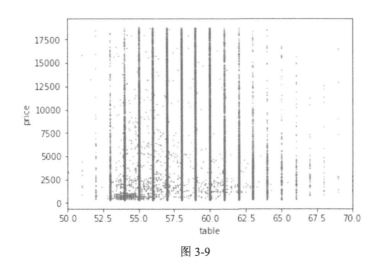

图 3-9

可以看到，在 table 和 price 之间依然很难看到任何清晰的关系。

最后该提高效率了。推荐使用强大的可视化库 Seaborn 来生成散点图矩阵，这种方法可以同时对许多数值特征进行可视化。这种可视化的方法的代码如下所示：

```
sns.pairplot(diamonds[numerical_features], plot_kws={"s": 2});
```

输出结果如图 3-10 所示。这个输出图形较小、分辨率也较低。运行 Notebook 上的代码，可以查看完整的图形。

这种方法绘出的图形不但漂亮，而且信息量丰富、功能强大，常常只用一行代码就可以绘制完成！

Seaborn 还允许自定义矩阵的对角线，例如，设置参数 diag_kind='kde'，可以绘制出密度图，这在本质上是对特征潜在概率分布的近似。代码如下：

```
sns.pairplot(diamonds[numerical_features], plot_kws={"s": 2},
diag_kind='kde');
```

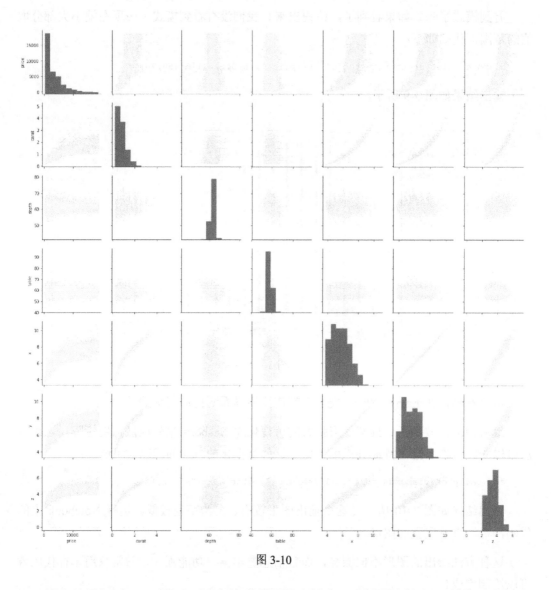

图 3-10

　　输出结果如图 3-11 所示。这个输出的图形也较小、分辨率也较低。运行 Notebook 中的代码，可以查看完整的图形。

　　作为练习，请看一下成对的关系，特别是各个特征和价格之间的关系，以深入理解这个数据集。

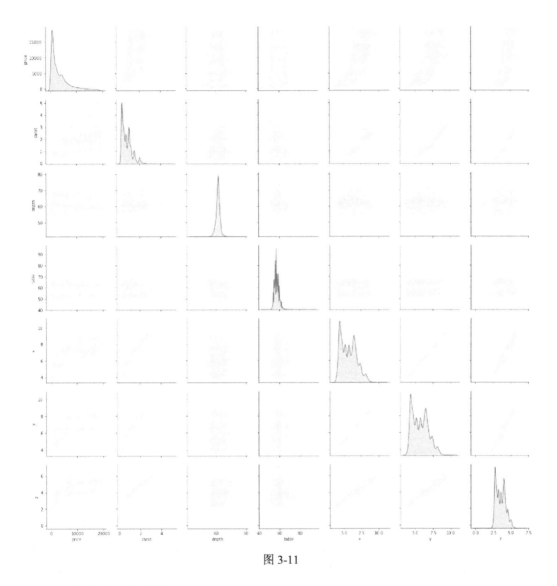

图 3-11

2. 皮尔逊相关系数

两个数值特征的标准计算工具是皮尔逊相关系数，通常简称为相关系数（还有许多其他的相关系数，但这个相关系数是目前主流的相关系数）。它是两个数值特征之间线性关系强度的数值表示。

这里再重复一次关键特性——线性关系。如果特征之间的关系是非线性的，那么线性系数就会产生误导性的结论，因此最好同时看一看散点图和相关系数。

了解这个相关系数的关键特性将有助于理解以下几点。

- 它的值总是落在[–1,+1]区间内。

- 它的值表明特征之间的线性关系的强度，接近–1 的相关系数值表明特征之间存在强烈的负相关，而接近+1 的相关系数值表明特征之间存在强烈的正相关，接近于的 0 的相关系数值表明特征接近于完全不相关。

- 相关系数的精确 0 值表明不存在任何线性关系。精确的–1 或+1 取值表明变量之间完美的线性关系，–1 表示负的关系，+1 表示正的关系。

图 3-12 取自维基百科的相关主题页面，非常直观地展示了相关系数的关键特性。

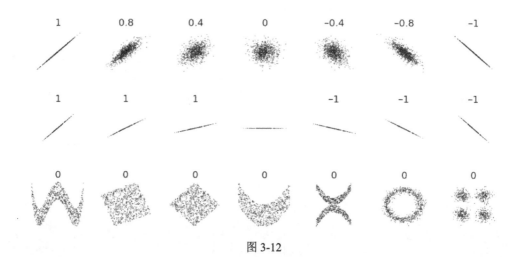

图 3-12

 如果特征接近于没有线性关系，那么相关系数应该接近 0。但是，即使相关系数接近 0，也不能表明这些特征之间没有关系，可能还会存在非线性关系。这就是散点图需要和相关系数一起使用的原因。

pandas 大大简化了相关系数的计算。正如对成对关系可以计算散点图矩阵，对相关系数也可以计算矩阵，这样可以立刻展示所有成对相关系数，如下所示：

```
diamonds[numerical_features].corr()
```

输出结果如图 3-13 所示。

	price	carat	depth	table	x	y	z
price	1.000000	0.921603	-0.010595	0.127157	0.887216	0.888810	0.877430
carat	0.921603	1.000000	0.028317	0.181650	0.977761	0.976844	0.970905
depth	-0.010595	0.028317	1.000000	-0.295722	-0.025020	-0.028151	0.097057
table	0.127157	0.181650	-0.295722	1.000000	0.196129	0.189964	0.155012
x	0.887216	0.977761	-0.025020	0.196129	1.000000	0.998652	0.985904
y	0.888810	0.976844	-0.028151	0.189964	0.998652	1.000000	0.985538
z	0.877430	0.970905	0.097057	0.155012	0.985904	0.985538	1.000000

图 3-13

从最上面一行起，我们可以看到价格和其他特征之间的相关系数。price 和 carat 的相关系数非常大，从前文的散点图就可以看出它们是一种线性关系，这个很大的相关系数进一步证明了它们之间关系的强度。

price 与 depth 的相关系数非常接近 0，这进一步确认了由散点图得出的结论，即 depth 和 price 接近没有关系。price 和 table 之间的相关系数为正，但其值非常小，数值为 0.127，这说明如果想知道这颗钻石的价格，从 table 并不能获取到什么信息。

price 与维度相关的变量 x、y 和 z 之间的相关系数非常大，并且很相近，大约都是 0.88。从散点图矩阵可以知道，它们之间存在非线性关系，这些数值进一步证明了这些特征对于价格的重要性。如果钻石在这 3 个维度上更大，那么其价格也很有可能更昂贵。

如果继续检查其他的成对相关系数，请注意维度相关的特征与 carat 之间存在非常高的正相关关系。接下来我们就这些特征计算散点图矩阵和相关系数矩阵。

但是，计算前需要从分析中排除那些等于 0 的 z 值（见第 2 章，对于这些值的处理方法参见本书后续章节）：

```
dim_features = diamonds[['carat','x','y','z']]
sns.pairplot(dim_features,plot_kws={"s": 3});
```

输出结果如图 3-14 所示。

运行下列命令可以得到特征的相关系数矩阵：

`dim_features.corr()`

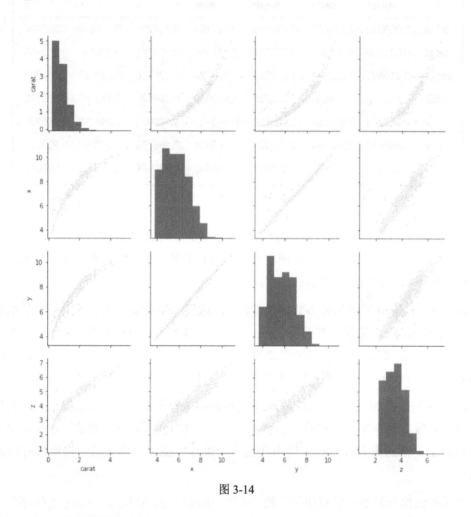

图 3-14

输出结果如图 3-15 所示。

	carat	x	y	z
carat	1.000000	0.977778	0.976860	0.976478
x	0.977778	1.000000	0.998657	0.991077
y	0.976860	0.998657	1.000000	0.990730
z	0.976478	0.991077	0.990730	1.000000

图 3-15

首先，它们的相关系数都很大。其次，x、y 和 z 之间的相关系数看起来明显是线性的。对此，该如何解释呢？

这 3 个特征包含的信息几乎相同，换句话说，它们不独立。知道其中一个特征的取值，可以立刻了解关于其他特征的取值。我们在第 2 章遇到过这样的问题（近共线性），在这里再次遇到了。近共线性可以根据相关系数是否接近 1 加以确认。

此外，carat 与每个维度变量之间的关系看起来都非常符合二次函数的特征，这个结论意味着钻石越大增重就越快。这 4 个特征之间的依赖性对于某些模型来说可能会引起新的问题，稍后必须进行一些处理。

可以看到，关于数据集的信息不断被发掘出来，这在建模阶段是非常有用的。

3.4.2　两个分类特征

要解释两个分类特征之间可能的关系，还有两种标准工具：一种是用于可视化的条形图，另一种是用于数值计算的交叉表或列联表。

这些标准工具经过一些变化可以生成新的衍生工具。在分析中，我们应该使用满足需要的衍生工具。

1．交叉表

交叉表是一个包含行和列的表格，行和列各表示一类特征，每个格子上的数字表示对应两类特征的观测总数。这里调用 pandas 的 crosstab() 函数，如下：

```
pd.crosstab(diamonds['cut'], diamonds['color'])
```

输出结果如图 3-16 所示。

color cut	D	E	F	G	H	I	J
Fair	163	224	312	313	303	175	119
Good	662	933	907	871	702	522	307
Ideal	2834	3902	3826	4883	3115	2093	896
Premium	1602	2337	2331	2924	2358	1428	808
Very Good	1513	2399	2164	2299	1823	1204	678

图 3-16

这里不需要太多解释，总数可以清楚地看到，但这些特征之间存在的任何关系都很难发现。

让我们来尝试一下其他的方法。首先计算 margins，即对列和行进行汇总计算，如下所示：

```
ct = pd.crosstab(diamonds['cut'], diamonds['color'], margins=True,
margins_name='Total')
ct
```

输出结果如图 3-17 所示。

color cut	D	E	F	G	H	I	J	Total
Fair	163	224	312	313	303	175	119	1609
Good	662	933	907	871	702	522	307	4904
Ideal	2834	3902	3826	4883	3115	2093	896	21549
Premium	1602	2337	2331	2924	2358	1428	808	13788
Very Good	1513	2399	2164	2299	1823	1204	678	12080
Total	6774	9795	9540	11290	8301	5422	2808	53930

图 3-17

现在我们用 Total 列的数据除以每一列的数据，看一看不同颜色钻石的比例在不同切割分类之间是否有所不同。如果比例大致相同，那么可以推断这些特征之间没有关系。这说明如果知道一颗钻石被均匀地切割，除了可以在样本中观察到的总体比例（最后一行）外，无法获得钻石颜色的任何信息。

执行如下代码可以更清楚地看到上述关系：

```
100*ct.div(ct['Total'], axis=0).round(3)
```

输出结果如图 3-18 所示。

这里乘 100 是为了让这些数值转换为百分数形式，更方便阅读。最后一行表明，不同颜色钻石的总体比例与它们的切割分类是独立的。这称为颜色的**边缘频率**，颜色 D 的边缘频率是 12.6%，颜色 E 的边缘频率是 18.2%。

这些边缘频率为比较所观察到的不同切割分类的频率奠定基础。针对不同切割分类分析这些比例时，我们能看到边缘频率有较大的偏差。

color	D	E	F	G	H	I	J	Total
cut								
Fair	10.1	13.9	19.4	19.5	18.8	10.9	7.4	100.0
Good	13.5	19.0	18.5	17.8	14.3	10.6	6.3	100.0
Ideal	13.2	18.1	17.8	22.7	14.5	9.7	4.2	100.0
Premium	11.6	16.9	16.9	21.2	17.1	10.4	5.9	100.0
Very Good	12.5	19.9	17.9	19.0	15.1	10.0	5.6	100.0
Total	12.6	18.2	17.7	20.9	15.4	10.1	5.2	100.0

图 3-18

我们很容易观察到一些自然的变化，但是看不到与边缘频率有任何大的偏差。这再次说明，一颗钻石的切割质量（例如是"完美"的），并不能给我们提供任何关于其颜色的信息。

对于其他的切割分类，也存在相同的逻辑，这表示这两个分类特征之间的关系很小或不存在。

现在，该探索切割与净度、净度与颜色之间的关系了。

 还有其他统计方法可以确定两种分类特征之间的关系，但是，这超出了本书的讲解范围。你若想获取更多信息，可阅读本章的"扩展阅读"部分中的文献。

2. 两个分类变量的条形图

有时，使用条形图对两个分类变量的总数或比例进行可视化可能很有用。

让我们来看如何使用 pandas 生成两个分类变量的条形图。以下代码生成的是基本的分组条形图，它可以方便查看实际总数：

```
basic_ct = pd.crosstab(diamonds['cut'], diamonds['color'])
basic_ct.plot(kind='bar');
```

输出结果如图 3-19 所示。

通过如下代码可生成堆叠条形图，可有效查看不同颜色组成的切割特征总数：

```
basic_ct.plot(kind='bar', stacked=True);
```

输出结果如图 3-20 所示。

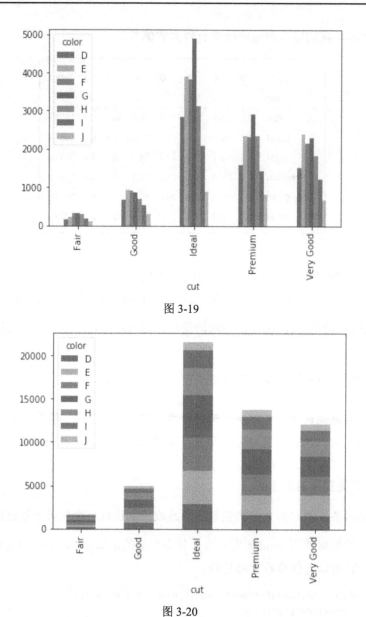

图 3-19

图 3-20

这种图对颜色分类太多的情况可能用处不大，但对其他情形可能会很有用。

最后来看一下标准化的条形图，该图对于比较每种切割分类上的颜色比例很有用：

```
ct.div(ct['Total'], axis=0).iloc[:,:-1].plot(kind='bar', stacked=True);
```

输出结果如图 3-21 所示。

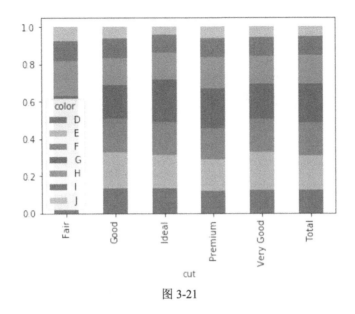

图 3-21

可以看到，每个条形看起来都差不多，这表明在每种切割分类之内的颜色分类大致相同。这进一步确认了之前对于这两种特征之间关系的推断。

现在对另外两组特征进行恰当的可视化，一组是切割和净度，另一组是净度和颜色。

3.4.3　一个数值特征和一个分类特征

一个数值特征和一个分类特征是二元关系的第三种可能性。探索这种二元关系有一些广泛使用的标准方法，比如用于可视化的箱形图，再如比较数值特征的平均值或中位数，这种比较可以初步探索类别的影响。

首先来说一下什么是箱形图。它的基本结构在不同的软件工具之间会有一定变化，但常见的结构如下。

- 图形从最小值开始（底部的水平线）。

- 箱体从 25%分位数开始。在箱体内部的水平线对应中位数（50%分位数），箱体顶部对应 75%分位数。

- 图形结束于最大值。

典型的箱形图如图 3-22 所示。

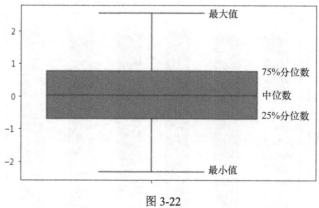

图 3-22

大多数箱形图相对典型的箱形图会引入一些变化,使我们能够可视化潜在的离群点。箱体的高度称为**四分位距**(Interquartile Range,IQR),这是数据分布的一种度量。如果取值高于 $75th+1.5×IQR$,那么在箱形图中顶部的水平线将终止在这个值(而不是最大值),超过这个值的观测将绘制成顶部线上方的点。

如果有低于 $25th-1.5×IQR$ 的取值,处理方式相同,这时这些观测将会绘制在底部水平线的下方,如图 3-23 所示。

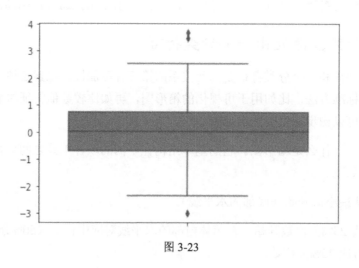

图 3-23

这些被箱形图标示成离群点的值只是离群点的候选值。事实上,离群点的概念不好定义,它取决于变量的意义和分布。

箱形图提供了比较不同类别分布的简化方式，因此尽管它也用于一元分析，但对二元分析更有用。

这里从探索 cut 和 price 之间的关系开始：

```
sns.boxplot(x='cut', y='price', data=diamonds);
```

输出结果如图 3-24 所示。

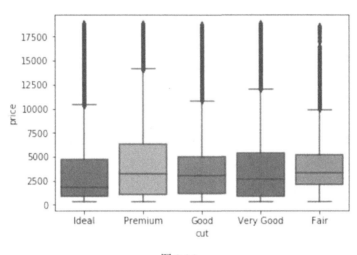

图 3-24

这些箱形图看起来都差不多。箱体的高度是一个用于衡量分布的指标，由此可知在 Premium 切割内价格变化更大。在所有类别中，这些箱形图标识了很多离群点，但这种情况在本质上是由价格的分布引起的，这是之前讨论过的。

现在我们只关注那些价格低于 10000 美元的钻石：

```
sns.boxplot(x='cut', y='price',
data=diamonds.loc[diamonds['price']<10000]);
```

我们先来描述一下从图 3-25 中看到的内容。

有两件事是显而易见的：首先，Premium、Good 和 Very Good 切割的价格分布非常接近；其次，最大的区别是 Fair 和 Ideal 切割对应的价格分布，Ideal 切割的钻石有一半价格低于 2000 美元，而 Fair 切割的钻石只有大约 25%的价格低于 2000 美元。因此可以认为，不同的切割分类与价格的分布之间确实存在关系。

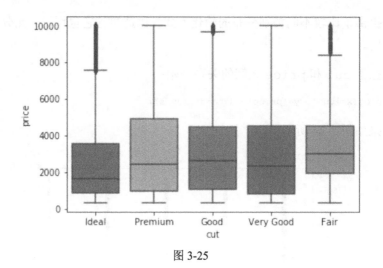

图 3-25

现在我们来进行一些数值计算。已知钻石价格是相差极大的，与其比较不同类别的均值，不如比较中位数，如下所示：

```
diamonds.groupby('cut')['price'].agg(np.median).sort_values()
```

输出结果如图 3-26 所示。

事实上，中位数有很大不同，特别是 `Ideal` 和 `Fair`
切割的钻石。当然，不同的组合也可以比较其他的统计
量。将 pandas DataFrame 的 `groupby()` 方法与 `agg()`
方法组合在一起，可以发挥出既灵活又强大的作用。

```
cut
Ideal         1810
Very Good     2648
Good          3054
Premium       3183
Fair          3282
Name: price, dtype: int64
```

图 3-26

最后一个示例讲述这些方法的应用，对每种切割的
类别计算价格中位数，再根据中位数的顺序绘制出信息更丰富的箱形图：

```
medians_by_clarity =
diamonds.groupby('clarity')['price'].agg(np.median).sort_values()
print(medians_by_clarity)
sns.boxplot(x='clarity', y='price',
data=diamonds.loc[diamonds['price']<10000],
            order=medians_by_clarity.index);
```

输出结果如图 3-27 所示。

可以看到，cut 和 price 之间有明确的关系。请继续检验其他特征的关系，并解
释结果。

```
clarity
IF       1080.0
VVS1     1092.5
VVS2     1311.0
VS1      2005.0
VS2      2053.0
SI1      2822.0
I1       3344.0
SI2      4072.0
Name: price, dtype: float64
```

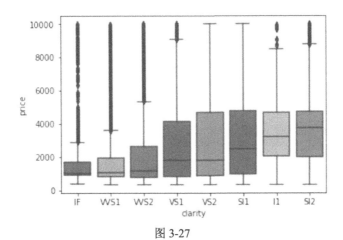

图 3-27

3.5　图形化的多元 EDA

　　多元 EDA 涉及两个以上的变量。多元 EDA 的施展空间更大。为了以新颖有趣的方式应用可视化和数值技术，我们还需要进行大量的实践。

　　常见的多元 EDA 如下。

- 根据分类特征变量为散点图确定颜色。

- 在箱形图中使用另一个分类变量。

- 条件图或格点图：根据不同分类进行划分。

- 平行图。

- 热图。

- 主成分分析与相关图形。

当然，这里还有许多方法没有提及。本节只给出一些多元 EDA 的示例，以帮助你入门。

这个部分将再次使用信用卡违约数据集。首先，导入必要的库：

```
import numpy as np
import pandas as pd
import matplotlib.pyplot as plt
import seaborn as sns
import os
%matplotlib inline
```

然后对这个数据集运行第 2 章中介绍过的所有变换，如下所示：

```
DATA_DIR = '../data'
FILE_NAME = 'credit_card_default.csv'
data_path = os.path.join(DATA_DIR, FILE_NAME)
ccd = pd.read_csv(data_path, index_col="ID")
ccd.rename(columns=lambda x: x.lower(), inplace=True)
ccd.rename(columns={'default payment next month':'default'}, inplace=True)

bill_amt_features = ['bill_amt'+ str(i) for i in range(1,7)]
pay_amt_features = ['pay_amt'+ str(i) for i in range(1,7)]
numerical_features = ['limit_bal','age'] + bill_amt_features +
pay_amt_features
delayed_features = ['delayed_' + str(i) for i in range(1,7)]

ccd['male'] = (ccd['sex'] == 1).astype('int')
ccd['grad_school'] = (ccd['education'] == 1).astype('int')
ccd['university'] = (ccd['education'] == 2).astype('int')
ccd['high_school'] = (ccd['education'] == 3).astype('int')
ccd['married'] = (ccd['marriage'] == 1).astype('int')

pay_features= ['pay_' + str(i) for i in range(1,7)]
for x in pay_features:
    ccd.loc[ccd[x] <= 0, x] = 0
delayed_features = ['delayed_' + str(i) for i in range(1,7)]
for pay, delayed in zip(pay_features, delayed_features):
    ccd[delayed] = (ccd[pay] > 0).astype(int)
ccd['months_delayed'] = ccd[delayed_features].sum(axis=1)
```

最终，为避免烦琐，这里只创建一些演示性的图形。先来处理原始数据集中的一个随机样本，如下所示：

```
sample_eda = ccd.sample(n=1000)
```

至此，准备完毕。这个例子中的目标是一个分类特征，它适合用于探究预测变量之间的关系是否受到目标变量的影响。

一种常见的方法是绘制散点图，按类别对数据点着色，如下所示：

```
sns.scatterplot(x='bill_amt1', y='bill_amt2', hue='default',
data=sample_eda);
```

输出结果如图 3-28 所示。

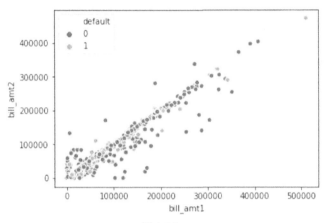

图 3-28

另一种常见的方法是在箱形图中使用多个分类变量：

```
sns.boxplot(x='male', y='limit_bal', hue='default', data=sample_eda);
```

输出结果如图 3-29 所示。

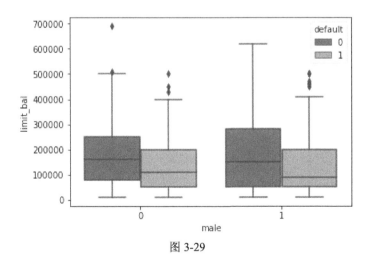

图 3-29

注意，这两种方法都在 Seaborn 的函数中使用了 hue 参数，以便指示子群。

此外，条件图通常用于进行复杂的可视化。对于复杂的可视化，Seaborn 是一个适合的好工具。例如，它提供了 FacetGrid 类。

如果需要对一个变量的分布或数据集子集中多个变量之间的关系进行可视化，FacetGrid 类很适合。FacetGrid 可以绘制多达 3 个维度（row、col 和 hue），前两个维度与最终生成的轴数组有明显的对应关系，hue 变量则可以看作沿着 depth 轴的第三个维度，其中不同的维度对应不同的颜色。

通过 DataFrame 和形成格点的 row、col 或 hue 维度的变量名称初始化 FacetGrid 对象，这个 FacetGrid 类才可以使用。这些变量是分类的或离散的，变量每个水平的数据将用于构建沿着该轴的分面。

下列代码首先会创建一个 FacetGrid 实例，其中列对应于 months_delayed 特征，行对应于 male 特征，点是根据 default 特征来着色的：

```
# create the FacetGrid instance
p = sns.FacetGrid(sample_eda, col="months_delayed", row='male',
hue='default')
# choose the graph to display in each subplot
p.map(plt.scatter, 'bill_amt1', 'bill_amt2')
p.add_legend();
```

假设此时的目的是检查 bill_amt1 和 bill_amt2 之间的关系，同时还想了解这种关系是否会随着 male 和 months_delayed 特征改变，也希望根据 default 的状态进行区分。

使用 FacetGrid 类可以在一幅图像中看到 bill_amt1、bill_amt2、male、months_delayed 和 default 这 5 个特征，如图 3-30 所示。

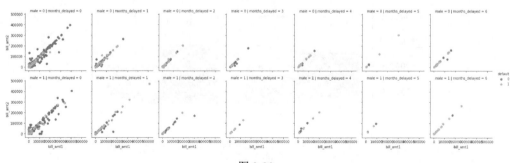

图 3-30

这张图不一定有用，这里主要是为了展示，你可以只用很少几行代码生成非常复杂的图形。

作为最后的示例，假设希望比较那些违约的人和还款的人 limit_bal（授信金额）的分布，并按其教育水平和性别分别进行分析。对此我们可以使用 FacetGrid，但现在不是绘制散点图，而是绘制密度图，以比较分布的情况：

```
edu_levels123 = sample_eda.loc[sample_eda['education'].isin([1,2,3])]
p = sns.FacetGrid(edu_levels123, row='male', col='education',
hue='default')
p.map(sns.distplot, "limit_bal", hist=False);
```

输出结果如图 3-31 所示。

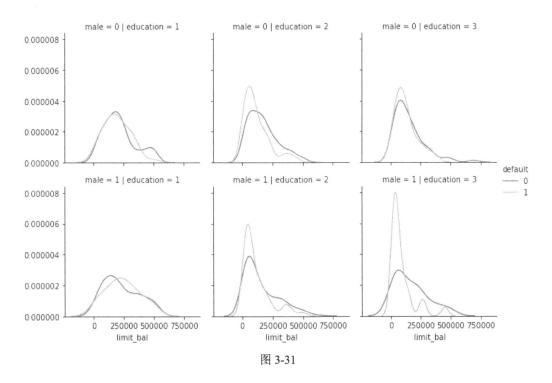

图 3-31

可以看到教育水平和性别组合的比较，以及基于 default 的 limit_bal 分布的对比。

从本章的例子中可以发现，Seaborn 非常好用！强烈建议你看一下这个库的官方手册。

3.6　小结

在本章中，我们介绍了一些实现 EDA 的基本方法，并用很多示例展示了如何实现可视化和数值计算，以及如何进行解释。我们还介绍了主流的一元 EDA 和二元 EDA 的方法，如直方图、条形图、散点图以及箱形图，并给出了一些使用 Seaborn 进行多元 EDA 的复杂示例。

切记，运用所有这些方法的前提是理解数据集，这样才能更好地深入理解业务问题和数据之间的关系。理解数据集对于预测分析过程的下一个阶段也很有价值。在第 4 章中，我们将介绍预测、建模的相关内容。

扩展阅读

- Wasserman L, 2013. *All of Statistics: A concise course in statistical inference*, Springer Science & Business Media.

- Yim A, Chung C, Yu A, 2018. *Matplotlib for Python Developers*. Packt Publishing.

第4章 基于机器学习的数值预测

本章主要内容

- 简要介绍机器学习。

- 理解机器学习及其主要分支。

- 介绍建模前需要注意的实际问题。

- 介绍一些基本、流行的算法，如多元线性回归、LASSO 回归和 kNN 算法。

- 介绍训练误差和检验误差的概念。

回顾一下迄今为止我们完成的工作——理解问题和定义问题，收集数据和准备数据，使用 EDA 挖掘数据信息。我们已较好地理解了特征的含义和特征之间的关系。现在我们将进入构建第一个预测模型的最后阶段！

但是，在构建预测模型前，我们应该先理解**机器学习**（Machine Learning，ML）的一些基本概念，因为本书会大量涉及该领域的内容。我们将简要介绍机器学习是什么，以及机器学习的主流技术是什么。当然，本书的主题并不是机器学习，它只是工具，因此我们不会深入讲解理论或技术细节，这些可以在机器学习相关图书中找到，这些图书通常会为每个模型族安排一章。机器学习是一个浩瀚的领域，本书主要关心一个特别的子分支——监督学习。介绍完一些基本概念后，我们会开始训练第一个机器学习模型。它的预测性能非常糟糕，但有助于澄清大多数概念。

熟悉基本概念后，我们在建模前需要讨论一些实际的问题。本章将介绍 scikit-learn 的简介和应用，以及如何利用其进行建模前重要的数据预处理。完成数据预处理后，我们将讨论一些用于回归任务的经典模型，抽象地解释这些模型的工作原理，并构建 3 个预测钻石价格的模型。最后我们会对模型加以评价，并考察一些预测。

4.1 技术要求

- Python 3.6 或更高的版本。

- Jupyter Notebook。

- 最新版本的 Python 库：NumPy、pandas、Matplotlib、Seaborn 和 scikit-learn。

4.2 机器学习简介

机器学习日渐普及，在许多行业中的应用效果都很好，同时已经以各种形式广泛存在于许多技术产品和服务中。如果你经常上网，使用智能手机上的 App，查看电子邮件，或者进行电子银行交易，那么肯定会与机器学习模型打交道。本书的主题不是机器学习，因此本章的重点是介绍应用机器学习进行预测分析所必需的基本概念，不会深入探讨机器学习的内容。近年来，人们对这个学科的兴趣大增，如果想深入学习，有许多的优秀资源可以参考，内容覆盖了理论和应用，查看"扩展阅读"部分中的文献就可以获取一些资源。

我们先给出一些定义。

- **机器学习**。机器学习可以定义为计算机科学的子领域，抑或一种人工智能方法。它主要研究使用数据赋予计算机系统学习能力的方法，从而在编程情况不明确的条件下执行某项任务。预测分析主要的任务是进行预测。通常，根据是否向学习系统提供学习信号，可将机器学习划分为如下三大子领域。这种划分并不具有普遍意义，但有益于我们理解。

- **监督学习**。这种情况面对的是计算机系统有一些输入以及相关输出，系统学习的任务是使用输入生成输出。要使用监督学习，需要数据成对（输入和输出）。监督学习是本书会用到的机器学习类型，也恰好是示例需要完成的，示例中的数据对是一些钻石特征（输入）及其相关的价格（输出），要实现的任务是通过学习这些特征来预测价格。已有信用卡客户的历史数据和个人信息（输入），以及相关的违约或未违约信息（输出），需要通过学习客户数据去预测他们是否会在下个月违约。

- **无监督学习**。这种情况中没有指导系统学习的信号，任务主要是学习数据的某种结构，换句话说，就是发掘数据的隐藏模式。无监督学习包括聚类、降维、检索、推荐系统、生成模型以及其他的方法。其中一些方法可以帮助解决预测分析问题，但本书不讨论无监督学习。

- **强化学习**。在该类任务中，学习是计算机系统与环境交互作用的结果，并称为"代理"（Agent）。系统从环境中得到的反馈常常以奖励或惩罚的形式给出。该分支的机器学习应用包括自动驾驶汽车、机器人、算法交易等。强化学习也可用于预测分析，但本书也不讨论。

进行预测分析时，机器学习模型可以当作**黑箱**使用，一种接收特征（输入）并以某种方式生成预测的过程。黑箱可以打开并探究其工作原理，但机器学习方法的基础理论是高度技术化的，数学化程度也很高。打开黑箱需要深入了解数学细节，这超出了本书范围。本书关注 Python 建模过程，因此只给出学习模型的作用机制的定性解释。这种方法介于黑箱和白箱之间，可以称为**灰箱方法**。

从这里开始，只要提到机器学习，本书都将着重介绍如何用它来解决各种预测分析问题。

4.2.1 监督学习中的任务

监督学习中的一般性任务有两种类型：回归和分类。它们的区别很明显，依据是目标或输出的类型。我们在第 2 章提到了这种区别。对钻石价格数据集和信用卡违约数据集定义问题时，任务会有如下两种类型。

- **回归**。对应着目标是一个数值特征的情形。示例包括预测房屋价格、点击广告的人数、收入、销售、犯罪率、股票价格，当然还有钻石价格。

- **分类**。对应着目标是一个分类变量的情形。分类任务的示例无处不在：在直接营销领域中，预测一位顾客是不是买家；在医学领域中，预测一个人是不是健康的；在保险领域中，预测客户的风险水平，是低风险、平均风险还是高风险；在这里正在处理的分类任务中，预测一位信用卡客户下个月会不会违约。分类问题的类型主要有以下 3 种。

  ➤ **二元分类**：面对目标只有两个类别的情形，例如信用卡违约问题。

  ➤ **多元分类**：面对目标的类别多于两个的情形。

> ➤ **多标签分类**：将多个类别或标签指派给一个观测的问题。常见的示例是基于内容预测一篇新闻报道所属的主题。许多新闻报道不只可以归入一个类别，可以同时与"世界新闻""政治""金融"这些主题都相关。

4.2.2　创建第一个机器学习模型

在本节中，我们将使用钻石价格数据集，构建本书中的第一个机器学习模型。构建模型前，我们先载入 Notebook 中会用的库：

```
import numpy as np
import pandas as pd
import matplotlib.pyplot as plt
import seaborn as sns
import os
%matplotlib inline
```

然后，载入钻石价格数据集并运用之前介绍过的变换：

```
DATA_DIR = '../data'
FILE_NAME = 'diamonds.csv'
data_path = os.path.join(DATA_DIR, FILE_NAME)
diamonds = pd.read_csv(data_path)
## Preparation done from Chapter 2
diamonds = diamonds.loc[(diamonds['x']>0) | (diamonds['y']>0)]
diamonds.loc[11182, 'x'] = diamonds['x'].median()
diamonds = diamonds.loc[~((diamonds['y'] > 30) | (diamonds['z'] > 30))]
diamonds = pd.concat([diamonds, pd.get_dummies(diamonds['cut'],
prefix='cut', drop_first=True)], axis=1)
diamonds = pd.concat([diamonds, pd.get_dummies(diamonds['color'],
prefix='color', drop_first=True)], axis=1)
diamonds = pd.concat([diamonds, pd.get_dummies(diamonds['clarity'],
prefix='clarity', drop_first=True)], axis=1)
```

第一个模型非常简单，要点是解释两个重要的理论问题——假设集和学习算法。在接触某些机器学习的知识时，你可能会多次听到"模型"和"算法"这两个术语，并发现它们会被频繁地互换使用。这里的目标是澄清这些术语中存在的混淆。理论上的机器学习模型是什么呢？是假设集和学习算法的组合。

- **假设集**。目标和特征之间的一般性假设关系。它在本质上通过表示特征值之间的关系来产生目标值。它是一个数学集合，元素是特征与目标之间关系的特殊表示。

- **学习算法**。用数据从假设集中选择一个元素的过程。这个选中的元素就是所谓的**模型**。

另一个重要的术语与这些抽象的概念有关——训练。训练机器学习模型表示使用学习算法选择假设集中的模型。这些定义比较抽象，首次学习很难领会。本节使用钻石价格数据集给出一个具体的示例，接下来创建本书中第一个机器学习模型。

- **假设集**：假设特征与目标之间存在一种联系，由下面的等式给出：

$$price=w\times carat$$

其中，w 是任意的正数。因此，我们的假设集是上式在 $w>0$ 时所有可能形成的等式的集合。

这里提出的模型基本上通过 w 乘 carat 的取值来预测价格。下面是假设集中的 3 个元素：

$$price = 3\times carat$$

$$price = 658.1\times carat$$

$$price = 2535\times carat$$

事实上，这些特殊的示例有无限多个。换句话说，假设集有无限个元素。那么如何从这个无限集合中选出一个元素呢？

- **学习算法**：对数据集中所有观测获取 w 的值，用钻石的价格除以相应的克拉数，再对结果取平均值。现在来实现这个学习算法，使用数据来训练模型：

```
w = np.mean(diamonds['price']/diamonds['carat'])
```

得到的 w 值是 4008.024，结果非常好。从形如 price=$w\times$carat 的无限可能个模型的集合中，使用数据并实现训练算法，最终选择了一个模型：

$$price=4008.024\times carat$$

至此，第一个机器学习模型生成完毕！

现在我们可以用这个模型来进行预测。所要做的就是对 carat 取值。实现机器学习模型的 Python 函数如下所示：

```
def first_ml_model(carat):
    return 4008.024 * carat
```

现在，我们可以用它来预测一些 carat 的示例值：

```
carat_values = np.arange(0.5, 5.5, 0.5)
preds = first_ml_model(carat_values)
pd.DataFrame({"Carat": carat_values, "Predicted price":preds})
```

输出结果如图 4-1 所示。

结果不错！我们终于开发出了第一个预测分析模型。回忆第 1 章中有关预测分析的定义：**"预测分析是一个应用领域，它应用各种量化方法基于数据进行预测。"**

这恰恰就是我们完成的工作。你觉得这些预测好吗？有多好呢？本章结束时，我们就可以回答这些问题了（同时还会发现这个模型的预测有多糟糕）。

完成这个简单的示例后，两个重要的问题产生了。

- 假设集和学习算法从何而来？

- 是否应该换一个假设集并提出一个新的学习算法？

	Carat	Predicted price
0	0.5	2004.012
1	1.0	4008.024
2	1.5	6012.036
3	2.0	8016.048
4	2.5	10020.060
5	3.0	12024.072
6	3.5	14028.084
7	4.0	16032.096
8	4.5	18036.108
9	5.0	20040.120

图 4-1

第一个问题很简单，答案是之前发明的机器学习算法（假设集+学习算法）。当然，我们刚开发出的这个模型缺乏机器学习模型通常具有的好的标准元素，但重在能说明假设集和学习算法的理论概念。

第二个问题也不难，答案是不用。提出新的学习算法是专业研究者的工作，他们已经做了几十年。研究者创建假设集，研究假设集的理论性质，并在理论上提出从假设集中提取最好（或起码是相当好）模型的学习算法。

同样，本书不会试图实现 Python 中的所有学习算法，因为 scikit-learn 的开发者们已经在这个库中实现了几乎所有常用的机器学习模型。

4.2.3　机器学习的目标——泛化

预测分析的目的是预测未知事件。应用机器学习方法的过程是根据数据找出特征与目标的关系。这也是机器学习的目的。假设有一个真实的未知函数将特征的值映射到目标，如果特征只有一个，看起来可能就像图 4-2 所示这样。

实际中的函数是未知的，因此可以观察到图 4-3 所示这样一些数据点（如果这个函数已知，尝试使用机器学习来学习就没有意义了）。

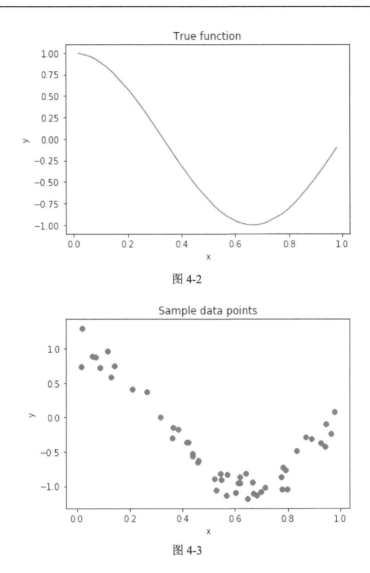

图 4-2

图 4-3

　　机器学习的目标是，使用样本数据点尽可能准确地逼近这个未知的函数。

　　现在我们回到钻石价格的示例。我们会用机器学习方法探索什么样的函数可以取钻石的特征作为输入并返回钻石的价格。这里使用钻石样本数据，尽可能地近似这个函数。一旦使用样本学习这种关系，我们就可以把新关系用于钻石样本之外的新钻石。钻石的特征已知，我们可以据此预测钻石的价格。这就是所谓的"泛化"。泛化的目标是把从数据学到的算法运用于未知的数据点。这非常重要，所以重申一下，泛化的目的是把从数据中学到的算法推广到样本之外的点。

那么在钻石价格这个例子中，是否必须等到有人带来一颗新钻石，才能检验模型预测的结果？再等到这颗钻石上市出售，才能检验预测的效果？这很不切实际。解决之道是模拟，模拟的方法则是交叉验证。交叉验证将数据集划分成不同的子集，再估计模型可以在多大程度上推广到样本外数据。本章使用较为简单的交叉验证形式，即 hold-out 方法，将数据集划分为两个部分。

- **训练集**。这是进行学习的集合，用来训练模型的部分数据。

- **测试集**。这是进行评价的集合。观测扮演着样本外数据的角色，是学习算法还未用过的数据。这里的模型表现出用代表模型处理新数据的能力，即泛化能力。

4.2.4　过拟合

过拟合的概念与泛化的目标紧密相连。这种情况发生的原因是模型对训练集适应得太好，甚至开始学习目标和特征之间的无效噪声。这里使用 scikit-learn 官方文档中的一个示例来说明这个概念，这个示例通过使用不同次方的多项式对目标与特征之间的关系加以建模。图 4-4 中的每张图展示了 3 种不同的情况，分别为欠拟合（见图 4-4a）、良好的学习（见图 4-4b）和过拟合（见图 4-4c）。

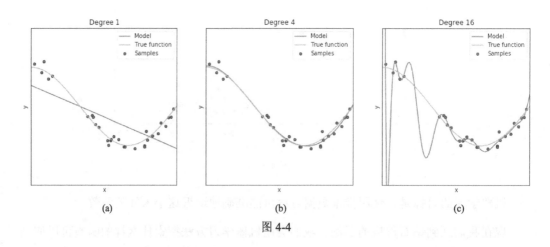

图 4-4

- **欠拟合**。图 4-4（a）所示的是第一种情况。这里用一个过度简单的模型（线性模型）捕捉特征和目标之间的线性关系。这个简单模型的函数是一次多项式（一条直线），无法准确预测数据点。

- **良好的学习**。图 4-4（b）所示的是"完美"的情况。其中模型的复杂性比较恰当，并且对真实函数的近似非常好。这个示例说明，四次多项式刚刚好。

- **过拟合**。图 4-4（c）所示的是过拟合的情况。这里使用一个过度复杂的模型，它很可能学习了训练集中的噪声。这反映出它逼近真实函数的优秀能力，这种情况很难泛化。考虑到复杂模型的可用性，这种情况在今天其实很常见。这种情况的主要问题是模型在训练集中的性能非常好，同时在测试集中表现相当糟糕。

正则化是避免过拟合的一组技术。某些模型，如 LASSO（Least Absolute Shrinkage and Selection Operator）回归模型和岭回归模型，其实是根据正则化要素定义的，它们试图避免过拟合。

4.2.5 评价函数和最优化

动手编写代码前，我们还有最后一个需要讨论的理论问题。机器学习模型都有所谓的评价函数、目标函数或者得分函数。简单来讲，这是一个数学函数，为假设集中的每个元素指派一个数字，以衡量元素的预测好坏。学习算法用这个函数区分模型的好坏，也用它搜索好的模型。假设集中元素的最优模型搜索通常借助最优化技术来实现。

好的优化模型对于提高学习算法的效率很关键。从直觉上说，最优化技术是从元素集合中寻找最佳元素的方法。在训练过程中，机器学习模型运行优化过程来搜索最优的模型，例如，学习算法可能会选择最小化评价函数的模型。第一个机器学习模型缺乏考虑评价函数和最优化技术，只凭主观决定使用价格和克拉数的比值的平均值来寻找 w。我们很难知道在这个过程中是否可以找到最优的模型，因为这里连模型的好坏都还没有定义。定义模型的好坏是评价函数的工作。如果模型缺乏评价函数，寻找最优模型甚至无法使用最优化技术。

初次学习这部分确实太难，但请相信，如果你想正确使用机器学习模型并成功进行预测分析，就必须牢牢掌握这些概念。

4.3 建模之前的实际考虑

现在你应该对机器学习一些重要的概念和理论有了基本的了解。在本节中，我们将讨论一些建模前需要考虑的实际问题，包括训练模型所需要的数据预处理，还会讨论建模的主要工具——scikit-learn。

4.3.1　scikit-learn 简介

如果你浏览 scikit-learn 的官网主页，可能会读到下列表述。

- 数据挖掘和数据分析的简单有效工具。

- 谁都可以访问，在各种背景下都可以重复使用。

- 构建在 NumPy、SciPy 和 Matplotlib 的基础上。

- 开源、商业可用——伯克利软件发行版（Berkeley Software Distribution，BSD）许可协议。

目前使用过的 Python 库都在工作前就进行了加载。scikit-learn 不一样，在工作时载入对象和类就可以了。这里会介绍如何借助官方文档使用 scikit-learn 提供的一些工具。scikit-learn 不仅是构建机器学习模型的库，确切来说，它也是一个工具包，其中包含大量的建模工具。除了可以实现几十种主流的机器学习模型外，scikit-learn 还提供了可以完成如下任务的工具。

- 选择模型。

- 评价模型。

- 变换数据集。

- 加载数据集。

4.3.2　进一步的特征变换

我们在第 2 章讨论了数据的准备，并做过一些准备和数据变换工作。记住，预测分析过程的各个步骤并非遵循严格的线性顺序，实际工作中会在各个阶段之间来回反复。我们在第 2 章已经变换数据集并做好分析的准备，但为了准备建模，我们还是会对数据集进行一些有用的变换。数据的使用方式不同，模型受到的影响也会不同，因此不仅要将数据导入模型，提供数据的方式也要是最佳的。例如，对预测变量的偏度进行光滑处理，或变换离群点，这些处理都有益于学习模型。准备数据有两种方法：一种是无监督预处理，包括那些在进行计算时不考虑目标的技术；一种是有监督预处理，这时要考虑目标。这里我们选择第一种预处理方法，即无监督预处理。

现在我们创建一个包含特征值的矩阵，从而可以使用标准的机器学习符号，特征值称为 x，目标值称为 y，不称为钻石价格。创建这些对象前对分类变量应用 one-hot 编码格式，理由之一是 scikit-learn 只接收数值。scikit-learn 不能直接提供分类数据，因为这些分类特征中的信息已经在 one-hot 编码的列中了，初始的类不包括在 X 矩阵中：

```
X = diamonds.drop(['cut','color','clarity','price'], axis=1)
y = diamonds['price']
```

至此，我们已经做好数据准备，可以进行数据预处理了。

1. 训练–测试分割

训练–测试分割并不是特征的变换，这是建模前需要做的第一项工作。需要保留一定比例的数据集，用于测试模型对于不可见数据的泛化程度。建模前的每一步数据变换都是模型的一部分。测试集承担着不可见数据的角色，该过程需要在训练集上执行所有变换，再用于测试集。执行任意变换之前，我们需要先要把数据集分割成训练集和测试集，因此不能用从训练集得到的信息"污染"测试集。

在使用 hold-out 交叉验证方法时，一般训练使用 60%～85% 的数据，其余部分留给测试。常用的数据集分割比例是 80%，这些数字主要靠惯例决定。实际应用中的测试集的目标是度量模型在不可见数据上的性能，所以如果整个数据集非常小，比如观测的个数不足 1000（就像机器学习学科诞生时的情况），那么二八分割是可以的。但对海量数据集来说，分割之前最好慎重考虑比例。

训练的数据越多，效果就越好。众所周知，基于大量数据的简单算法往往比基于少量数据的复杂算法性能更好，因此尽量为训练保留更多的数据非常重要。例如，如果一个数据集有 500 万个观测，那么并不需要保留 20% 的数据用于测试，因为 100 万太多了。这时为测试保留 1%～2% 的数据更有实际意义。

这里使用一九分割。scikit-learn 提供了一个相关的随机分割函数：

```
from sklearn.model_selection import train_test_split
X_train, X_test, y_train, y_test = train_test_split(X, y, test_size=0.1,
random_state=123)
```

在分割过程中，最好重排数据集中的观测（为了防止数据集因排序而出现某种模式）。幸运的是，在实现分割之前，train_test_split() 函数就已经在数据集内部实现了重新排列。可以看到，这里使用了 10%（0.1）的测试规模，表示用于测试的观测有 5392 个，足够评价模型的性能。

在许多 scikit-learn 类、方法和包含某种随机性的函数中，我们可以看到 random_state 参数。它使操作和代码可重复。每次在参数中使用 random_state=123 时，程序对训练集和测试集指派的观测完全相同。

至此，我们得到了训练数据集（X_train, y_train）——所有处理会以这个数据集为对象。

2. 使用 PCA 降维

降维是基于大量特征提取少量特征的过程，这些少量特征需要尽量保留原始特征的大部分信息。比如，家庭社会经济数据涵盖多个维度，如收入水平、财富、缴税额、母亲受教育的年限、父亲受教育的年限、房屋大小等。其中，许多特征具有强相关性，反映了家庭社会经济状态的方方面面。假设这样的特征有 20 个，那么可以使用降维技术创建一组特征更少的数据，比如，创建包含两个特征的数据集，但保留了原始 20 个特征 85%的信息。降维技术价值很大，可以生成一小部分特征，但保留绝大部分的信息。

回忆一下，对这个数据集进行 EDA 时，我们可以检测出 x、y 和 z 之间的高度共线性。这与家庭示例中的情况完全相同，这 3 个特征度量的对象是一样的，因此可以观测到强相关性。它们包含的信息本质上完全相同：

```
sns.pairplot(X_train[['x','y','z']], plot_kws={"s": 3});
```

输出结果如图 4-5 所示。

最主流的降维技术是**主成分分析**（Principal Component Analysis，PCA）。这是一种缩减技术，使用线性代数技术将原始特征变换到特征线性无关的另一个集合，这些特征**称为主成分**（Principal Component，PC）。第一主成分捕捉所有特征中的最多信息，第二主成分捕捉剩余特征中最多的信息，其余的主成分以此类推。如果最初有 k 个特征，这个方法生成 k 个（或更少的）主成分，然后需要决定选择多少个主成分。

在变换前，我们先介绍变换器 **transformers**——它是为了准备数据而构建的 scikit-learn 类。使用变换器要遵循以下 4 个步骤。

- 导入要使用的类。
- 创建该类的实例（实例化这个对象），这里提供了任意额外的参数。
- 使用这个实例的 fit() 方法，这将执行下一个步骤需要的内部计算。
- 使用 transform() 方法执行变换。

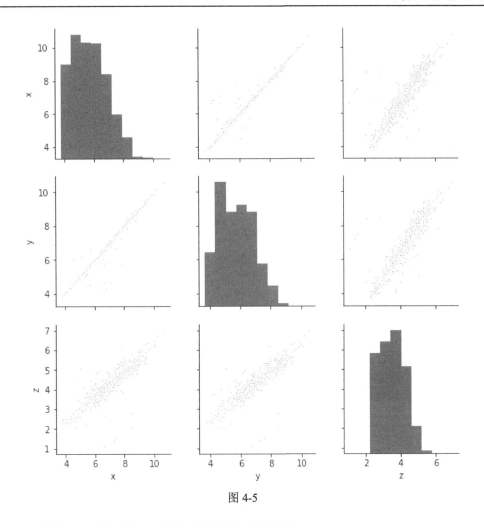

图 4-5

PCA 类是一个变换器，这里实施刚刚给出的步骤：

```
# 1. Import the class you will use
from sklearn.decomposition import PCA
# 2. Create an instance of the class
pca = PCA(n_components=3, random_state=123)
# 3. Use the fit method of the instance
pca.fit(X_train[['x','y','z']])
# 4. Use the transform method to perform the transformation
princ_comp = pca.transform(X_train[['x','y','z']])
```

通过这个方法，我们可以根据比例检查生成的 3 个主成分分别捕捉了多少方差（信息）：

```
pca.explained_variance_ratio_.round(3)
```

得到输出如下：

```
array([0.997, 0.003, 0.001])
```

所以，第一个主成分捕捉了原始 3 个特征中 **99.7%** 的方差，剩余的方差大部分被第二个主成分捕捉（0.2%），第三个主成分几乎什么都没有捕捉到。根据以上结果，最好仅保留第一个主成分，并将其作为钻石的一种尺寸指数。这里展示这 3 个主成分之间确实不相关：

```
princ_comp = pd.DataFrame(data=princ_comp, columns=['pc1', 'pc2', 'pc3'])
sns.pairplot(princ_comp, plot_kws={"s": 3});
```

输出结果如图 4-6 所示。

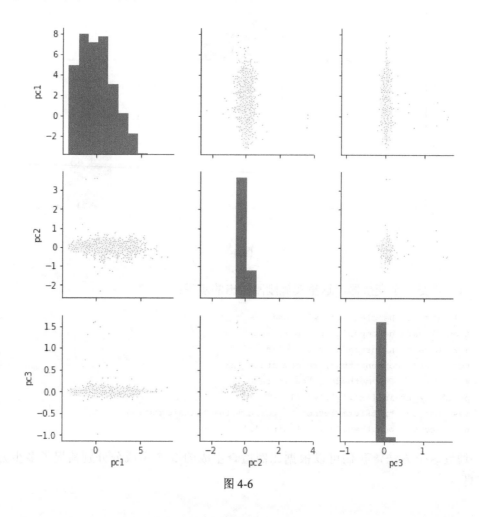

图 4-6

观察相关系数，它们都是 0：

```
princ_comp.corr().round(4)
```

输出结果如图 4-7 所示。

确认只保留第一主成分，运行相同的代码，但使用 n_components=1 参数。先为数据集加入新特征，再丢弃 x、y 和 z：

	pc1	pc2	pc3
pc1	1.0	0.0	0.0
pc2	0.0	1.0	0.0
pc3	0.0	0.0	1.0

图 4-7

```
## Get only the first principal component
pca = PCA(n_components=1, random_state=123)
## Train the pca transformer
pca.fit(X_train[['x','y','z']])
# Add the new feature to the dataset
X_train['dim_index'] = pca.transform(X_train[['x','y','z']]).flatten()
# Drop x, y, and z
X_train.drop(['x','y','z'], axis=1, inplace=True)
```

至此，我们将特征缩减到了 1 个，可以进行下一步操作了。

3. 标准化——中心化和归一化

标准化可能是建模准备过程中最常见的变换。尽管许多学习算法不进行这种变换也执行得很好，但是标准化可以提升大多数算法的数值稳定性和速度。事实上，为了得到有意义的结果，许多算法（比如 kNN）都会执行这个步骤。标准化有多种方法，而 scikit-learn 中的一种方法最为常见。

许多机器学习估计器在 scikit-learn 中执行时会要求对数据集进行标准化。如果这些特征不是正态分布的，那么估计器的执行效果可能会很糟。在实践中，我们通常会忽略分布形状的问题，并将数据转换为中心化的形式。我们可以通过减去每个特征的均值实现上述目标，然后对非常数的特征除以标准差，从而进行归一化。

先对每个数值特征减去均值（所以新的均值是 0），再用标准差去除。变换以后，特征的均值都为 0，标准差（以及方差）都为 1，因此它们所占的比例一样。当然，对 one-hot 编码特征不进行这个变换。

这种操作会使用另一种变换器 StandardScaler。

下面是实现计算的代码：

```
numerical_features = ['carat', 'depth', 'table', 'dim_index']
# 1. Import the class you will use
```

```
from sklearn.preprocessing import StandardScaler
# 2. Create an instance of the class
scaler = StandardScaler()
# 3. Use the fit method of the instance
scaler.fit(X_train[numerical_features])
# 4. Use the transform method to perform the transformation
X_train.loc[:, numerical_features] =
scaler.transform(X_train[numerical_features])
```

数值特征有一些标准化的取值：

```
X_train[numerical_features].head()
```

输出结果如图 4-8 所示。

	carat	depth	table	dim_index
30066	-0.840293	1.429309	-0.205642	-0.918724
17608	0.677534	0.383359	-2.001069	0.848719
42508	-0.629484	0.034709	-0.205642	-0.568908
22842	0.719696	-0.662591	0.243215	0.908842
25957	2.553737	-1.987460	2.487499	2.147581

图 4-8

最后，运行下列代码，可以快速检查均值和标准差是不是 0 和 1：

```
X_train[numerical_features].describe().round(4)
```

输出结果如图 4-9 所示。

	carat	depth	table	dim_index
count	48537.0000	48537.0000	48537.0000	48537.0000
mean	-0.0000	-0.0000	-0.0000	0.0000
std	1.0000	1.0000	1.0000	1.0000
min	-1.2619	-13.0745	-6.4896	-1.8151
25%	-0.8403	-0.5231	-0.6545	-0.9077
50%	-0.2079	0.0347	-0.2056	-0.0236
75%	0.5089	0.5228	0.6921	0.7115
max	8.8780	12.0283	9.6692	4.4957

图 4-9

作为建模准备的最后一步，执行这种处理非常重要。如果执行其他的特征变换，或者执行一种新变换，那么新特征可能不再是标准化的。

至此，我们已做好了建模的所有准备。

4.4 多元线性回归

在 scikit-learn 中，机器学习模型是在估计器（Estimator）类中实现的，它包括从数据中学到的任何对象，主要是指模型或变换器。估计器类都有 `fit()` 方法，它和数据集一起用于训练估计器，比如 `estimator.fit(data)`。

估计器有两类**参数**很重要，如下所示。

- **估计器参数**。估计器进行实例化或修正对应属性时，可以设置所有参数。其中一些估计器的参数对应于机器学习模型的超参数。我们将在后续章节中讨论模型的超参数。

- **估计的参数**。当使用数据拟合估计器时，就可以得到估计的参数。估计的参数都是估计器对象的属性，以下划线标识。

scikit-learn 有一个应用估计器的 API，使用方式和使用变换器的方法非常类似。使用估计器要遵循下面 4 个步骤。

- 导入将要使用的估计器类。

- 创建这个类的实例（实例化这个对象）。这里可以给出额外的任意参数，其中一些参数是模型的超参数。

- 使用实例的 `fit()` 方法。这一步训练了模型。

- 使用 `predict()` 方法得到预测结果。

多元线性回归（Multiple Linear Regression，MLR）模型是所有模型之"母"，简单而直接。这个模型的目标通常简单设定为输入变量的线性组合，因此预测具有下列形式：

$$y\_pred = w_0 + w_1 x_1 + w_2 x_2 + \cdots + w_k x_k$$

对这个模型，学习算法即**普通最小二乘法**（Ordinary Least Squares，OLS）要做的是

识别 w 的最佳组合，这样可以最小化**残差平方和**（Residual Sum of Squares，RSS）：

$$\text{RSS} = \sum_{i=1}^{N} (y_i - y\_\text{pred}_i)^2$$

N 是训练集中点的个数，y_pred 是预测值，当然，y 代表目标的实际值。从直觉上说，训练这个模型表示寻找权重的最佳组合，要使预测值的目标和真实值尽可能接近。这个模型是通过什么程序找到系数的最佳组合的呢？这里不会给出解释。如果你对此感兴趣，可查看参考资料。

现在我们开始训练第一个基于机器学习的预测分析模型：

```
# 1. Import the Estimator class you will use
from sklearn.linear_model import LinearRegression
# 2. Create an instance of the class
ml_reg = LinearRegression()
# 3. Use the fit method of the instance
ml_reg.fit(X_train, y_train)
# 4. Use the predict method to get the predictions
y_pred_ml_reg = ml_reg.predict(X_train)
```

至此，模型已经训练完毕，训练集的预测值也计算完毕。首先来看一下权重，也称为线性模型的系数：

```
pd.Series(ml_reg.coef_,
index=X_train.columns).sort_values(ascending=False).round(2)
```

输出结果如图 4-10 所示。

这个系数在模型中与每一个特征相乘，w 来自前一个模型定义的方程。没有其他的组合能使 RSS 更小。

所有特征都已经归一化，这表示这些系数可以解释成变量重要性的度量。克拉和净度这些特征似乎对价格产生的影响最大。系数的符号也可以说明目标和对应特征之间关系的方向。一般来说，正的系数可以解释成对价格的影响为正，负的系数可以解释成对价格的影响为负。不过，这种解释只对于"训练的模型内和正在使用的特征有意义"。如果移除一个特征，得到的系数就不同了：

```
ml_reg.fit(X_train.drop('carat', axis=1), y_train)
pd.Series(ml_reg.coef_, index=X_train.drop('carat',
axis=1).columns).sort_values(ascending=False).round(2)
```

输出结果如图 4-11 所示。

```
carat            5422.04
clarity_IF       5384.93
clarity_VVS1     5040.24
clarity_VVS2     4993.61
clarity_VS1      4616.93
clarity_VS2      4303.06
clarity_SI1      3704.82
clarity_SI2      2740.18
cut_Ideal         856.23
cut_Premium       756.77
cut_Very Good     756.17
cut_Good          609.70
table             -59.04
depth             -80.63
color_E          -217.07
color_F          -276.78
color_G          -489.66
color_H          -991.01
dim_index       -1235.23
color_I         -1480.56
color_J         -2384.35
dtype: float64
```

图 4-10

```
clarity_IF       5148.67
clarity_VVS1     4790.55
clarity_VVS2     4598.87
dim_index        4037.32
clarity_VS1      4006.20
clarity_VS2      3711.01
clarity_SI1      2975.99
clarity_SI2      2210.70
cut_Premium       934.69
cut_Ideal         923.11
cut_Very Good     811.81
cut_Good          607.89
depth             136.90
table              -6.19
color_E          -212.55
color_F          -361.49
color_G          -503.53
color_H          -814.98
color_I         -1111.87
color_J         -1876.45
dtype: float64
```

图 4-11

可以看到，最大的改变是 dim_index 特征，它的系数从负变为正。这里有问题！第一个模型的系数为负，这样更大的 dim_index 值会与更低的价格联系在一起。现在，这个模型给出了相反的信息。接下来该怎么办呢？看到的情况是克拉与 dim_index 紧密相关，而且当这两个特征一起出现在这个模型中时，算法找出的最佳拟合方式是，对克拉指派一个非常大的正系数，对 dim_index 指派一个相对小的负系数。将克拉从模型中移除后，使用 dim_index 的最佳拟合方式是给它指派一个较大的正系数。因此，对特征的系数的标准化解释要谨慎对待。

为了更明确一些，我们用所有特征重新训练模型对象：

```
ml_reg.fit(X_train, y_train)
```

现在检查一下预测的效果。对此需要一个指标，取预测值和目标真实值作为输入，并给出它们接近程度的估计函数。回归模型所有标准化指标服从相同的基本原则，如果预测值和真实值很接近，那么模型的效果评价会更好。本节将引入标准化指标**均方误差（Mean Squared Error，MSE）**，它或许是回归模型中最常用的指标，定义如下：

$$\text{MSE} = \frac{1}{N} \sum_{i=1}^{N} (y_i - y\_\text{pred}_i)^2$$

可以看到，MSE 是真实值与预测值之间差异平方的均值，MSE 值越小，预测越准确，结果就越好。Scikit-learn 对此提供了一个计算函数：

```
from sklearn.metrics import mean_squared_error
mse_ml_reg = mean_squared_error(y_true=y_train, y_pred=y_pred_ml_reg)
print('{:0.2f}M'.format(mse_ml_reg/1e6))
```

计算结果是 128 万。这个数字大不大？这需要一个比较的参照点。要得到这个参照点，请试着回答下面的问题：如果没有任何钻石特征的信息，价格的最好预测是什么？从数学角度可以说明，如果完全忽略钻石的特征（或任意变量），最小化 MSE 的预测值是均值。所有目标值等于均值的预测模型称为零模型（Null Model），即一个没有预测变量的模型。这个零模型的性能是比较模型性能的第一个参照点。对零模型计算 MSE：

```
y_pred_null_model = np.full(y_train.shape, y_train.mean())
mse_null_model = mean_squared_error(y_true=y_train,
y_pred=y_pred_null_model)
mse_null_model
```

注意，这里的均值计算只使用了目标的训练值，并且 MSE 大约为 1600 万。因此，如果不存在任何特征的信息，最佳猜测（均值）会给出一个 1590 万的 MSE；如果使用特征中的信息，模型会给出 128 万的 MSE。现在，根据这些数据可以得到一些结论。至少可以说，这个模型比零模型要好得多，这对于第一个机器学习模型来说效果很棒。

4.5　LASSO 回归

LASSO 回归是对多元线性回归的一种巧妙修正，自动排除了与预测精度关系很小的特征。它实现了正则化策略，为提高多元线性模型的预测精度执行了变量选择。进行预测使用的 LASSO 回归模型的方程与多元线性回归的方程是相同的，都是所有特征的线性组合，即每个特征都要乘一个系数再相加。修正是通过最小化目标值完成的。如果预测变量有 P 个，问题就是找到最小化下式的权重（w）的组合：

$$\frac{1}{2N}\sum_{i=1}^{N}(y_i - y\_\mathrm{pred}_i)^2 + \alpha\sum_{k=1}^{P}|w_k|, \alpha \geq 0$$

注意，这个式子的第一部分与多元线性回归的式子几乎相同（除了与 RSS 相乘的常数）。关键的改变在第二项，系数绝对值的和乘一个非负数 α，这个数称为正则系数。这个模型背后的数学思想是通过在系数的绝对值上加上惩罚项，学习算法会把一些系数收缩到 0，从而使预测模型不再考虑相应的特征。α 的值越大，越多的特征系数会被指派为 0。

当特征有几十或上百个（甚至更多），而你想选择一个小的特征子集进行预测时，这个模型就很有用了。如果问题中的特征相对较少，就不推荐使用 LASSO 回归模型。但是，随着数据不断增长，包含数百个特征的数据集越来越常见，这就是时候推荐使用 LASSO 回归模型加以预测分析了。

现在，我们对示例中的回归问题使用 LASSO 回归模型，看看会得到什么？

```
# 1. Import the Estimator class you will use
from sklearn.linear_model import Lasso
# 2. Create an instance of the class
lasso = Lasso(alpha=10)
# 3. Use the fit method of the instance
lasso.fit(X_train, y_train)
# 4. Use the predict method to get the predictions
y_pred_lasso = lasso.predict(X_train)

## MSE calculation
mse_lasso = mean_squared_error(y_true=y_train, y_pred=y_pred_lasso)
print('{:0.2f}M'.format(mse_lasso/1e6))
```

LASSO 回归模型的 MSE 是 152 万，并不比多元线性回归模型更好。之前说过，这个示例并不推荐使用 LASSO 回归模型。但是，这里只打算展示这个模型的系数（见图 4-12）。

可以看到，cut_Good、color_F、color_E 这 3 个特征的系数都为 0，其余特征是模型留下的。对分类变量指派 0 系数，可以这样解释：一方面，颜色的基本策略（没有显示出来的一个策略）是 D，那么代表颜色为 E 或 F 的特征系数为 0，说明颜色为 E 或 F 的钻石与颜色为 D 的钻石的效果是一样的，都对价格都没有影响；另一方面，颜色为 J 的钻石在平均意义上会对价格为 1780 美元的钻石产生负面的影响。"在平均意义上"这几个字很重要。

```
carat            4766.29
clarity_IF       1348.44
clarity_VVS2     1213.08
clarity_VVS1     1194.84
clarity_VS1       860.32
clarity_VS2       616.93
cut_Ideal         169.10
cut_Very Good      89.01
cut_Premium        55.05
clarity_SI1        33.97
cut_Good           -0.00
color_F            -0.00
color_E             0.00
table            -103.99
color_G          -124.79
depth            -145.90
color_H          -609.87
dim_index        -708.54
clarity_SI2      -768.25
color_I         -1001.55
color_J         -1780.44
dtype: float64
```

图 4-12

4.6　*k*NN

*k*NN 算法可以用于回归问题和分类问题。通过 *k*NN 算法进行预测不需要计算任何参数，因此该算法创建的模型属于非参数模型。参数模型的实例是刚刚讨论过的回归模型。在前一个回归模型中，权重就是参数。*k*NN 创建的模型属于非参数模型族，虽然很简单

（或者因为这一点），但效果往往比更复杂的模型更好。从最基本的 *k*NN 实现中，很容易理解它的工作原理。对表示近邻个数的固定数字 *k* 和希望预测目标值的给定观测，按下面的步骤进行操作。

- 找出特征取值中与给定数据点最接近的 *k* 个数据点。
- 对这 *k* 个数据点的平均目标值进行计算。
- 计算出的平均值是给定数据点的预测值。

为了了解这个基本的 *k*NN 为什么效果更好以及它为什么有意义，让我们来看看这个操作过程在钻石示例中的作用。假设 *k*=12，目标是预测给定钻石 d 的价格，按下面的步骤进行处理。

- 根据钻石的特征（如 carat、color、size 等）找出与 d 最相似的 12 颗钻石。
- 计算这 12 颗钻石的平均销售价格。
- 计算出的平均销售价格就是对钻石 d 价格的预测。

这个简单的过程很有意义。使用相似钻石的价格预测给定钻石的价格，这是一种明智的策略。这里所描述的仅是最基本的 *k*NN。*k*NN 有许多经过变化的衍生方法，其中一种流行的变化是使用不同的权重计算平均值。

基本的 *k*NN 回归使用均匀的权重：在局部近邻中的每一个点都对查询点的分类做出相同贡献；在特定的场景中的加权点有一种优势，邻近的点对回归的贡献大于远离的点。

为了做到这一点，我们要使用 weights 关键字。默认值是 weights = 'uniform'，表示对所有点指派相等的权重。weights = 'distance'表示按照与查询点距离的反比指派权重。为了计算该权重，我们可以使用用户自定义的距离函数计算权重。

这种算法的关键是定义**接近程度**，这在直观上对应于数据点的相似程度。为了度量相似性，我们需要选择数据点之间距离的数学度量方法，这种选择将影响模型的性能。有关这个主题的深入讨论参见 Weinberger 等人于 2006 年发表的论文。对于这个模型，考虑引入闵可夫斯基距离，它是目前主流的距离度量方法，也是 scikit-learn 默认使用的方法。现在为数据拟合第三个模型，看看它的性能如何：

```
# 1. Import the Estimator class you will use
from sklearn.neighbors import KNeighborsRegressor
# 2. Create an instance of the class
```

```
knn = KNeighborsRegressor(n_neighbors=12)
# 3. Use the fit method of the instance
knn.fit(X_train, y_train)
# 4. Use the predict method to get the predictions
y_pred_knn = knn.predict(X_train)
```

在训练数据集上计算 MSE：

```
mse_knn = mean_squared_error(y_true=y_train, y_pred=y_pred_knn)
print('{:0.2f}M'.format(mse_knn/1e6))
```

计算结果得到了 67 万的 MSE，优于另两个模型！看来 *k*NN 模型的效果更好，但请不要太快下结论。目前我们对训练和评价都使用了相同的训练集数据（X_train，y_train），还需要使用测试集数据（X_test, y_test）进行评价。

> *k*NN 算法易于理解和使用，但存在严重的技术问题——**维数诅咒**。这个问题大致上是指一些算法进行有效学习所需要的样本会随着维数的增加呈现出指数增长的态势。*k*NN 模型尤其如此，所以只能用于特征数量相对较少的数据集。

4.7　训练与测试误差

将数据集分割成训练集与测试集的要点是在模型不可见的数据上使用模型模拟预测的情况。之前说过，重点是泛化从观察数据中学到的信息。训练 MSE（或任何在训练集上计算的指标）可能会得出有偏差的结论，原因是可能存在过拟合，因此从训练集得到的性能指标往往过于乐观。我们再来看一看过拟合的例子，如图 4-13 所示。

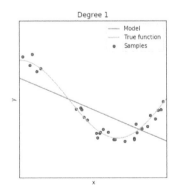
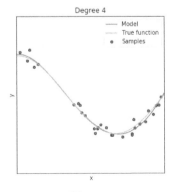
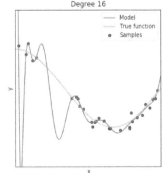

图 4-13

如果对这 3 种情况都计算训练的 MSE，我们的确可以得到一个最低的 MSE（因此也是最佳的模型），即十六次多项式。可以看到，这个模型接触到许多点，这些点的误差恰好是 0。但是，生成的曲线与模型与应该学习的真正函数的曲线相去甚远，可以看到典型的过拟合现象。这个模型在训练集中性能很好，但在测试集中性能很差。如果这个模型没有过拟合，那么在训练集和测试集中的性能指标应该是类似的。一般来说，模型在训练集中的性能会比在测试集中表现得更好。这是因为模型已经对训练集中的观测进行了优化，所以与测试集相比，训练集中的性能更好。

对模型进行评价时，训练集上的性能度量往往很有用，但不能把它们当成模型实际性能的真实指标。让我们来看一个相关的极端示例：

```
perfect_knn = KNeighborsRegressor(n_neighbors=1)
perfect_knn.fit(X_train, y_train)
mean_squared_error(y_true=y_train, y_pred=perfect_knn.predict(X_train))
```

这里训练了只包含一个近邻的 *k*NN 模型，而且运行代码后可以看到，得到的 MSE 为 0，性能完美！你能发现这里的问题吗？为什么没有得到误差呢？请把它作为一个练习进行思考。

接下来我们准备使用测试集对模型进行正确的评价。这里的要点是，对训练集所做的变换，都必须对测试集实施。所做的变换总结如下。

- 标准化数值特征，这样它们的均值为 0，标准差为 1。
- 使用 PCA，将特征 x、y 和 z 缩减为单个特征 dim_index。
- 从数据集移除 x、y 和 z。

在测试集上执行相同的变换：

```
## Replacing x, y, z with dim_index using PCA
X_test['dim_index'] = pca.transform(X_test[['x','y','z']]).flatten()

# Remove x, y and z from the dataset
X_test.drop(['x','y','z'], axis=1, inplace=True)

## Scale our numerical features so they have zero mean and a variance of one
X_test.loc[:, numerical_features] =
scaler.transform(X_test[numerical_features])
```

必须指出的是，在这些变换中使用了训练集的变换器。scaler 和 pca 都是之前的训练用过的，这里再次用它们变换测试集，因此不需要重新训练变换器。这是正确的变换方法。

至此，测试集变换操作已经完成。接下来，我们用它进行预测并评价预测。对此，这里将创建一个小的 pandas DataFrame，用它同时存储训练集和测试集 MSE 指标：

```
mse = pd.DataFrame(columns=['train', 'test'], index=['MLR','Lasso','kNN'])
model_dict = {'MLR': ml_reg, 'Lasso': lasso, 'kNN': knn}
for name, model in model_dict.items():
    mse.loc[name, 'train'] = mean_squared_error(y_true=y_train,
y_pred=model.predict(X_train))/1e6
    mse.loc[name, 'test'] = mean_squared_error(y_true=y_test,
y_pred=model.predict(X_test))/1e6

mse
```

输出结果如图 4-14 所示。

证据表明，kNN 模型的测试性能更好一些。在这里进行可视化很有用：

```
fig, ax = plt.subplots()
mse.sort_values(by='test', ascending=False).plot(kind='barh', ax=ax,
zorder=3)
ax.grid(zorder=0)
```

输出结果如图 4-15 所示。

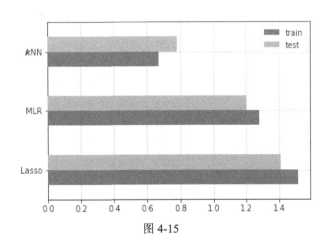

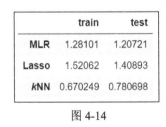

	train	test
MLR	1.28101	1.20721
Lasso	1.52062	1.40893
***k*NN**	0.670249	0.780698

图 4-14

图 4-15

根据测试性能，我们可以判断 kNN 模型的 MSE 最好，所以它胜出。注意，kNN 模型的性能在训练集中比测试集中更好，这符合通常的预期。对于多元线性回归模型和 LASSO 回归模型来说，情况则是相反的。与训练集中的性能相比，模型在测试集上的性能实际上会更好。这里只将 10% 的数据用于测试，预测中大多数的极端误差是在训练集中发现的。这种情况虽不常见，但有可能发生。因为 MSE 是平方误差的平均值，这些大的误差往往被放大了，从而影响了 MSE。但可以看到，这些值非常接近，所以虽然不常见，但问题也不大。处理实际数据时，我们时常会发现教科书中没有的内容。

前文提到，模型在训练集中的性能一般都比测试集中更好。但这不是"放之四海而皆准"的数学定理。如果训练中的模型性能要比测试中的好很多，那么这个模型很可能是过拟合了。如果两个度量都很糟，并且彼此接近，那么模型就是欠拟合的，没有经过很好地学习（或者没有模式可以学习）。另一种情况是多元线性回归模型和 LASSO 回归模型中可能出现的问题。这不常见，但只要差异不大，就没问题。如果差异太大，就必须再检查分割过程或预处理步骤。

最后，为了让这个讨论更具体一些，让我们来看看模型产生的一些预测和实际价格（取自测试集）：

```
demo_pred = X_test.iloc[:10].copy()
pred_dict = {'y_true':y_test[:10]}
for name, model in model_dict.items():
    pred_dict['pred_'+name] = model.predict(demo_pred).round(1)

pd.DataFrame(pred_dict)
```

输出结果如图 4-16 所示。

	y_true	pred_MLR	pred_Lasso	pred_KNN
8549	4434	4638.0	4993.4	4172.9
27123	17313	15503.2	14918.2	14771.3
40907	1179	1603.1	1611.9	1092.5
1375	2966	3063.0	3299.2	2915.8
41673	1240	1859.6	1567.7	978.0
35461	901	1700.1	1329.1	1158.1
30655	736	1086.4	689.6	754.6
10271	4752	6010.9	6042.6	4970.2
28928	684	904.1	762.3	753.5
26351	645	704.7	651.4	722.9

图 4-16

这些预测怎么样？足够好吗？效果能否再提升？MSE 的度量是否足够清晰？或是否需要更好理解的绩效指标？目标偏度是怎样的？还可以为它做些什么？为什么 kNN 模型选择 k=12，而不是 5 或 10？请思考这些问题，并在第 8 章中查找解决这些问题的方法。

4.8　小结

本章的内容相当丰富！首先我们引入了机器学习的一些重要概念。机器学习有 3 个主要分支，即监督学习、无监督学习和强化学习，本书只讨论监督学习。监督学习任务有两种类型，即回归和分类，它们只是在预测的目标类型上有所区别。在本章中，我们还讨论了关于假设集和学习算法的抽象概念，还构建了效果欠佳的"伪机器学习模型"。

我们也讨论了非常重要的概念——"泛化"，这是构建机器学习模型的关键。我们在已掌握的数据上学习如何把数据特征映射到目标，再利用这种知识对未掌握的数据进行预测。交叉验证是评价模型的一组技术，基本的形式是本章使用的训练-测试分割。这种技术不仅可以正确评价模型，也能避免过拟合。

接着，我们引入了实例，借此对概念进行深入讲解。介绍了 scikit-learn 后，我们执行了一些常用的变换，对特征进行标准化并用 PCA 进行了降维，接着用灰箱方法处理并解释了 3 种基本算法的工作原理（多元线性回归、LASSO 回归和 kNN 算法）。尽管 LASSO 回归模型对这个钻石价格数据集的例子帮助不大，但可以帮助你理解算法。

最后，我们在测试集上评价了模型，并宣布 kNN 模型胜出。对于一些未解决的问题，我们将在后续章节中给出回答。

扩展阅读

- Friedman J, Hastie T, Tibshirani R, 2001. *The elements of statistical learning*. Springer series in statistics.

- Kuhn M, Johnson K, 2013. *Applied predictive modeling*. Springer.

- Pedregosa F, et. al, 2011. Scikit-learn: Machine learning in Python. Journal of machine learning research.

- Raschka S, Mirjalili V, 2017. *Python machine learning*. Packt Publishing.

- Weinberger K Q, Blitzer J, Saul L K, 2006. *Distance metric learning for large margin nearest neighbor classification*. In Advances in neural information processing systems: 1473-1480.

第 5 章 基于机器学习的分类预测

本章主要内容

- 学习分类任务及认识其重要性。

- 回顾信用卡违约数据集。

- 学习逻辑回归模型。

- 理解分类树模型。

- 学习随机森林模型。

- 给出多元分类问题的简单示例。

- 学习朴素贝叶斯分类器的基础内容。

我们在第 4 章介绍了机器学习的基础内容。在本章中，我们会构建类别预测的模型。这一类机器学习问题被称为分类问题。分类模型是较为常见的一类实践模型。在本章中，我们将介绍一些常用的分类模型。

我们先介绍分类任务及一些分类任务的应用，然后回顾信用卡违约数据集，并进行相应的数据准备。随后，我们引入一个流行的分类模型——逻辑回归，它在本质上与我们在第 4 章讨论过的多元线性回归模型很相似。接下来，我们将给出既流行又好理解的分类树模型。分类树模型是随机森林模型的基础模型，而随机森林模型是预测分析中非常流行的模型，其功能非常强大。

与我们在第 4 章所用的处理方式一样，我们先从较高的层面介绍这些模型的作用机制，接着使用 scikit-learn 在信用卡违约数据集上训练模型，再在测试集上比较这些模型的性能。考虑到信用卡违约问题是一个二元分类问题，我们将在最后展示一个多元分类问题。

5.1　技术要求

- Python 3.6 或更高版本。

- Jupyter Notebook。

- 最新版本的 Python 库：NumPy、pandas、Matplotlib、Seaborn 和 scikit-learn。

5.2　分类任务

分类任务属于机器学习的监督学习分支，广泛应用于工业界和学术界。下面是一些分类任务的应用示例。

- **直销**：预测客户对活动的反应是积极的还是消极的。

- **医药**：预测人们是健康的还是生病的，例如得了哪种癌症。

- **保险**：按照风险水平对客户分类，例如判断客户属于低风险、平均风险还是高风险。

- **通信或其他行业**：客户流失模型是预测哪些客户会转投其他提供商的分类模型。

- **教育**：预测哪些学生将会退出项目。

- **电子邮件服务**：将电子邮件进行分类，各自发送到收件箱、垃圾邮件箱、社交邮件箱和促销邮件箱等。

当然，信用卡违约问题需要预测客户在下个月是否会违约，因此这也是分类任务。回顾我们在第 4 章提过的内容，分类问题主要分为 3 种类型。

- **二元分类问题**：目标只有两个类别的问题，信用卡违约问题就属于这一类型。

- **多元分类问题**：目标多于两类的问题。

- **多标签分类问题**：对观测指派的类别或标签多于一个的问题。常见的示例就是基于内容预测新闻报道的主题。很多新闻报道很难只归入一个类别，因为一篇报道可能同时与世界新闻、政治和财政这些主题有关。

预测分类和概率

机器学习分类模型输出的预测有两种类型。

- **预测类别**。对每个观测，模型将直接给出它属于某个类别的预测。

- **每种类别的概率**。对每个观测和每种类别，模型将输出观测属于这个类别的概率。例如，有 3 个类 A、B 和 C，而模型的输出是数字三元组，如[0.2, 0.7, 0.1]，分别代表着观测属于 A、B 和 C 的概率。注意，这里处理的是概率，这些数值之和应该等于 1。

在模型输出每种类别的概率的情况下，分类的依据是最高概率的类别预测。这是默认的规则，但也可以（有时也应该）根据预测分析项目的目标，改变概率预测分类的方法。

二元分类模型通常将一个类命名为"正类"，用 1 加以标记；将另一个类命名为"负类"，用 0 加以标记（许多人也喜欢用-1）。正类往往是"正在进行分析的类"。切记，在这种背景下，术语"正"与褒义毫无关系。例如，在信用卡违约问题中，正类是"违约"，而从金融机构的观点来看，这一点也不"正"。

5.3 信用卡违约数据集

接下来，我们要着手处理信用卡违约数据集了。我们在第 2 章中对特征进行过描述，具体如下。

- SEX：性别（1 表示男性；2 表示女性）。

- EDUCATION：教育水平（1 表示研究生；2 表示大学；3 表示高中；4 表示其他）。

- MARRIAGE：婚姻状况（1 表示已婚；2 表示单身；3 表示其他）。

- AGE：年龄（单位为岁）。

- LIMIT_BAL：授信额度，既包括个人消费信贷，也包括家庭（补充）信贷。

- PAY_0~PAY_5：还款的历史记录。过去的每月还款记录（2005 年的 4 月到 9 月）的追踪方式为 0 表示 2005 年 9 月的还款情况，1 表示 2005 年 8 月的还款情况，……，6 表示 2005 年 4 月的还款情况。还款拖欠程度的度量为-1 表示按时还款，1 表示延迟 1 个月还款，2 表示延迟 2 个月还款，……，8 表示延迟还款 8

个月，9 表示延迟还款 9 个月及以上。

- BILL_AMT1～BILL_AMT6：账单金额。X12 为 2005 年 9 月的账单金额，X13 为 2005 年 8 月的账单金额，……，X17 为 2005 年 4 月的账单金额。

- PAY_AMT1～PAY_AMT6：预还款的金额。

- Default payment next month：下个月的默认还款金额。

现在我们载入数据集，并进行第 3 章中介绍过的变换，对这个数据集做好分析准备。记住，由于数据集中有某些奇怪的取值，也缺乏一些信息，同时为了简单化，这里需要进行一些变换来简化数据集，从而做好分析的准备。总之，代码段要完成以下任务。

- 载入数据集并对列重命名，以便处理。

- 这个数据集由一些特征组成，因此包含相关特征名称的列表会很有用。

- 创建一些二元特征，这里要注意并未对"高中教育"生成二元特征（这一行表示为注释），因为这里只考虑了教育的 3 个类别，"高中及其他"（基础类别）、"大学"和"研究生"。

- 简化特征，并得到更简单的解释。

  ➤ pay_i features：将–1 和–2 转换为 0，这表示客户在第 i 个月会按时还款。其他整数表示延迟的月数。

  ➤ delayed_i：这些特征是 pay_i 特征的简化。这些特征表明第 i 个月是否会延迟还款（延迟为 1）。

- 创建一个新特征 month_delayed，它是客户延迟还款的月数之和。

```
# Loading the dataset
DATA_DIR = '../data'
FILE_NAME = 'credit_card_default.csv'
data_path = os.path.join(DATA_DIR, FILE_NAME)
ccd = pd.read_csv(data_path, index_col="ID")
ccd.rename(columns=lambda x: x.lower(), inplace=True)
ccd.rename(columns={'default payment next month':'default'},inplace=True)

# getting the groups of features
bill_amt_features = ['bill_amt'+ str(i) for i in range(1,7)]
pay_amt_features = ['pay_amt'+ str(i) for i in range(1,7)]
numerical_features = ['limit_bal','age'] + bill_amt_features +
pay_amt_features
```

```
# Creating binary features
ccd['male'] = (ccd['sex'] == 1).astype('int')
ccd['grad_school'] = (ccd['education'] == 1).astype('int')
ccd['university'] = (ccd['education'] == 2).astype('int')
#ccd['high_school'] = (ccd['education'] == 3).astype('int')
ccd['married'] = (ccd['marriage'] == 1).astype('int')

# transform the -1 and -2 values to 0
pay_features= ['pay_' + str(i) for i in range(1,7)]
for x in pay_features:
    ccd.loc[ccd[x] <= 0, x] = 0

# creating delayed features
delayed_features = ['delayed_' + str(i) for i in range(1,7)]
for pay, delayed in zip(pay_features, delayed_features):
    ccd[delayed] = (ccd[pay] > 0).astype(int)
# creating a new feature: months delayed
ccd['months_delayed'] = ccd[delayed_features].sum(axis=1)
```

注意，delayed_i 特征只是 pay_i 特征的简化，因此不应该在同一个模型中一起使用它们。

现在我们准备这个数据集，用于建模（并把它留作对这个数据集执行 EDA 的练习）。现在只使用一个特征子集，排除pay_i和delayed_i特征，只考虑months_delayed，它是对前面两种特征的概括：

```
numerical_features = numerical_features + ['months_delayed']
binary_features = ['male','married','grad_school','university']
X = ccd[numerical_features + binary_features]
y = ccd['default'].astype(int)
```

现在我们将数据集分割成训练集和测试集。观测共有 30000 个，其中 5000 个观测用于测试，其余的用于训练：

```
from sklearn.model_selection import train_test_split
X_train, X_test, y_train, y_test = train_test_split(X, y, test_size=5/30,
random_state=101)
```

最后，就像在第 4 章介绍过的内容，将数值特征进行标准化，以使它们都在均值为 0、标准差为 1 的同一尺度上：

```
# 1. Import the class you will use
from sklearn.preprocessing import StandardScaler
# 2. Create an instance of the class
scaler = StandardScaler()
```

```
# 3. Use the fit method of the instance
scaler.fit(X_train[numerical_features])
# 4. Use the transform method to perform the transformation
X_train.loc[:, numerical_features] =
scaler.transform(X_train[numerical_features])
```

工作完成！接下来准备建模。

5.4　逻辑回归

现在正在使用机器学习执行分类任务，这种模型众所周知，它很简单，而且常常用作复杂模型的性能评价的第一个基准。对于二元分类问题，这个模型可生成目标属于正类的条件概率。这个模型是参数化模型的另一个示例，学习算法将尽可能挖掘性能最佳的参数组合（向量）$w = (w_0, w_1, w_2, \cdots, w_p)$，参数 w 按照如下等式计算估计的概率：

$$P(y=1 \mid X) = \frac{1}{1 + \exp(-w^t X)}$$

当目标属于正类时，得到的值接近 1；当目标属于负类时，得到的值接近 0。根据定义，这个模型能预测概率，然后使用概率来预测类别。为了更好地解释这个过程，我们将生成本书中第一个简单的逻辑回归模型，只使用一个特征。

5.4.1　一个简单的逻辑回归模型

为了更好地解释这个模型如何生成概率，我们创建一个简单的模型，只使用一个称为 months_delayed 的特征：

```
from sklearn.linear_model import LogisticRegression
   simple_log_reg = LogisticRegression(C=1e6)
simple_log_reg.fit(X_train['months_delayed'].values.reshape(-1, 1),
   y_train)
```

所有 scikit-learn 估计量中的 X 矩阵是一个二维对象（NumPy 数组或 pandas DataFrame），特征都包含在 X 矩阵中。因此如果只用一个特征，就必须进行重塑，从而 X 可以包含两个维度，reshape(-1,1) 可以完成这个处理。如果只使用一个观测，那么会发生同样的事情，可能要用到 reshape(1,-1)。

scikit-learn 逻辑回归的实现其实比刚才描述的模型更复杂。它引入了一个正则项（这有助于避免过拟合），这里不想在这个示例中使用正则化，所以将参数 C 设置为一个很大的数字。

拟合模型之后，计算 W0 和 W1：

```
print("W0: {}, W1: {}".format(simple_log_reg.intercept_[0],
simple_log_reg.coef_[0][0]))
```

```
W0: -1.3814542479409055, W1: 0.8190226651901202
```

这个方程的计算条件已经满足。下面的代码会根据 months_delayed 的取值计算方程并返回违约的概率：

```
def get_probs(months_delayed):
    m = scaler.mean_[-1]
    std = scaler.var_[-1]**.5
    x = (months_delayed - m)/std
    prob_default = 1/(1+np.exp(-simple_log_reg.intercept_[0] + -
simple_log_reg.coef_[0][0]*x))
    return prob_default
```

注意，如果想使用特征的原始值（比如 2 个月或 3 个月的），那么需要使用训练好的 scaler 对象计算出的数值对这些特征的原始值进行标准化。看一下这个模型生成的概率：

```
months = np.arange(13)
pred_probs = get_probs(months)
pd.DataFrame({'months': months, 'pred_probs':pred_probs})
```

输出结果如图 5-1 所示。

这些概率是否有道理呢？如果某人在过去 6 个月没有延迟还款，那么该模型预测这位客户违约的概率约为 13.9%。换句话说，根据这个模型，在过去 6 个月中从未延迟还款的客户有大约 14%的可能性将会违约。同样，在过去 6 个月中所有月份都延迟还款的客户，有大约 79%的可能性会在下个月继续违约。

	months	pred_probs
0	0	0.139067
1	1	0.214219
2	2	0.315119
3	3	0.437107
4	4	0.567208
5	5	0.688658
6	6	0.788722
7	7	0.863022
8	8	0.914041
9	9	0.947220
10	10	0.968040
11	11	0.980813
12	12	0.988542

图 5-1

 这里的原始特征的取值范围为从 0 到 6。因为要对超过 6 的取值使用模型，所以做这种外推要非常小心。如果使用的数值离观测值的取值范围太远，这个模型可能会不起作用。

这里将这个简单的模型生成的概率进行可视化，绘制成延迟还款月数的函数图像：

```
fig, ax = plt.subplots()
ax.plot(months, pred_probs)
```

```
ax.set_xlabel('Months delayed')
ax.set_ylabel('Probability of default')
ax.grid()
```

输出结果如图 5-2 所示。

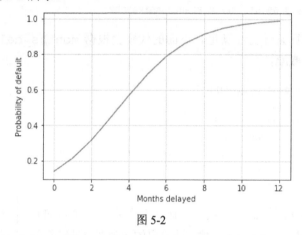

图 5-2

我们希望通过这个例子让你明白逻辑回归模型生成概率的作用机制。

5.4.2　完整的逻辑回归模型

现在使用所有选择的特征训练一个模型：

```
log_reg = LogisticRegression(C=1e6)
log_reg.fit(X_train, y_train)
```

这个模型使用 X_train 中所有特征进行训练。可以知道，这个模型把生成概率作为输出。为了得到模型的概率，可以使用 predict_proba() 方法，它会生成一个二维的 **NumPy** 数组，每一列会给出观测属于各自类别的概率。这时，第一列对应与负类（标记为 0）有关的概率，第二列对应与正类有关的概率。通过如下代码可以得到训练数据的前 10 个概率：

```
prob_log_reg = log_reg.predict_proba(X_train)
prob_log_reg[:10]
```

输出结果如图 5-3 所示。

这些都是概率，两列对应元素相加等于 1。如果想要的是标签而不是概率，可以使用之前用过的 predict() 方法：

```
array([[0.80546441, 0.19453559],
       [0.89230804, 0.10769196],
       [0.80288351, 0.19711649],
       [0.85899725, 0.14100275],
       [0.19901693, 0.80098307],
       [0.82373747, 0.17626253],
       [0.70903546, 0.29096454],
       [0.79648631, 0.20351369],
       [0.81846397, 0.18153603],
       [0.73849053, 0.26150947]])
```

图 5-3

```
y_pred_log_reg = log_reg.predict(X_train)
y_pred_log_reg[:10]
```

输出如下：

```
array([0, 0, 0, 0, 1, 0, 0, 0, 0, 0])
```

之前所说，这些标签是通过使用概率生成的，是概率大于或等于某个值的类的标签。如果 pred_log_reg 第二列对应元素大于 0.5，则预测为 1。运行下面的代码可以验证这一点：

```
np.all(y_pred_log_reg == (prob_log_reg[:,1] > 0.5))
# True
```

完成！此时已经生成了本书中第一个完整的分类模型！其中的系数与每一个所用的特征相关：

```
pd.Series(data=log_reg.coef_[0],
index=X_train.columns).sort_values(ascending=False).round(2)
```

输出结果如图 5-4 所示。

对这些系数的初步解释是，正系数的特征与概率正相关，表示更大的取值将增加违约的概率，更小的取值将倾向于降低违约的概率。对负系数的特征来说，这种关系是负的，特征取值越大，对应的违约概率越小，反之则越大。当然，如果特征之间相关性并不强，这种解释是有效的。但是正如第 4 章中的警示，对于简单的解释不要过于武断。在这种情况下，模型识别了 months_delayed 特征，它是对违约概率的正向影响最大的特征。这很有意义！而且，这个特征是自己设计出来的，先创建它，而后它会给出与信用卡违约相关的有用信息，这很好！

```
months_delayed     0.75
bill_amt2          0.22
bill_amt3          0.18
married            0.17
grad_school        0.13
male               0.11
university         0.11
age                0.06
pay_amt3          -0.00
pay_amt4          -0.02
bill_amt5         -0.03
pay_amt5          -0.03
pay_amt6          -0.04
bill_amt4         -0.06
bill_amt6         -0.06
bill_amt1         -0.16
limit_bal         -0.18
pay_amt1          -0.23
pay_amt2          -0.31
dtype: float64
```

图 5-4

我们已经训练了第一个模型，接下来引入分类模型的第一个性能指标——准确率。这是最简单的分类评价指标之一，可以定义为正确预测占全部预测的比例（或百分比）。当然，当模型预测出相同的类别时，就可以观察到正确的预测：

```
from sklearn.metrics import accuracy_score
accuracy_log_reg = accuracy_score(y_true=y_train, y_pred=y_pred_log_reg)
accuracy_log_reg
```

得到的训练准确率是 0.80372，换句话说，训练集中约 80.37% 的预测是准确的。这看起来对不对呢？思考一下。稍后我们会再次讨论这个问题。接下来讨论另一种流行的模型——分类树。

5.5　分类树

分类树也是一种非常流行的模型，它很透明、好理解而且容易解释预测机制。它属于非参数方法，可用于回归任务和分类任务。它生成预测的方法是创建一些规则，连续地运用这些规则，直至抵达包含分类的树的"叶"节点。本节借助一个示例进行具体阐述。

要在 Jupyter Notebook 中可视化 scikit-learn 树，你需要安装 graphviz。在使用虚拟环境激活的 Anaconda 提示符窗口，安装 graphviz 和 pydotplus 包的命令为：conda install graphviz 和 conda install pydotplus。此外，在 Windows 中，你需要将类似 C:\Users<user>\Anaconda3\envs<env_name>\Library\bin\ graphviz 的路径添加到 PATH 环境变量中。

导入必要的类并训练分类树。目前不用担心创建 class_tree 实例的参数：

```
from sklearn.tree import DecisionTreeClassifier
class_tree = DecisionTreeClassifier(max_depth=3)
class_tree.fit(X_train, y_train)
```

现在，导入所需的每一个工具，以便在 Jupyter Notebook 中对分类树进行可视化：

```
from sklearn.externals.six import StringIO
from sklearn.tree import export_graphviz
from IPython.display import Image
import pydotplus
```

现在我们对分类树进行可视化。要导入的主函数是 export_graphviz()，它能将决策树导入一个 DOT 格式的文件。这个函数生成一种 GraphViz 表示的决策树，这种表示会写入 out_file（在这个例子中，它是 StringIO 类的实例）。最后，使用 Image() 函数展示这棵树。

下面是图形化展示的代码：

```
dot_data = StringIO()
export_graphviz(decision_tree=class_tree,
                out_file=dot_data,
```

```
                    filled=True,
                    rounded=True,
                    feature_names = X_train.columns,
                    class_names = ['pay','default'],
                    special_characters=True)
graph = pydotplus.graph_from_dot_data(dot_data.getvalue())
Image(graph.create_png())
```

输出结果如图 5-5 所示。

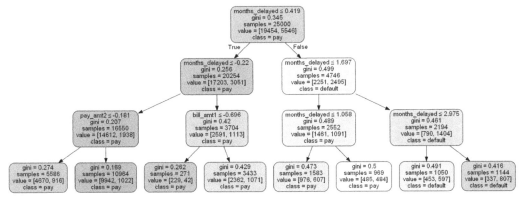

图 5-5

这是模型产生规则的图形表示。每一个观测都从顶部开始，根据命题的真值判断进行转向，命题取值为 True 就转向左边，取值为 False 则转向右边。这就像用客户的信息来回答一系列的是或否问题。假设有一个观测数据，接着按以下方式开始回答问题。

- months_delayed<=0.419 吗？回答为 True，则转向左边。

- months_delayed<=-0.22 吗？回答为 False，则转向右边。

- bill_amt1<=-0.696 吗？回答为 True，则转向左边并预测这位客户会还款。

可以看到，在这棵树中，该节点预测值为 pay，因为在回答相同的 271 位客户中，其中 229 位最终在下个月偿还了信用卡。

或许你会发现输出比例比总数更有用。通过设置 proportion=True 参数，可以轻易做到这一点：

```
dot_data = StringIO()
export_graphviz(decision_tree=class_tree,
                out_file=dot_data,
```

```
                    filled=True,
                    rounded=True,
                    proportion=True,
                    feature_names = X_train.columns,
                    class_names = ['pay','default'],
                    special_characters=True)
graph = pydotplus.graph_from_dot_data(dot_data.getvalue())
Image(graph.create_png())
```

输出结果如图 5-6 所示。

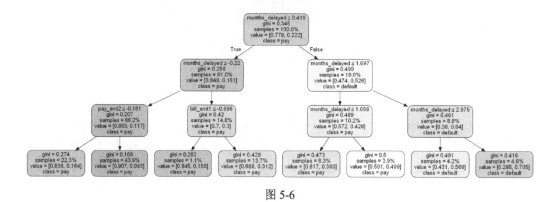

图 5-6

可以看到，在最左侧的叶节点最终只有 16.4%的客户违约，与最右侧节点相比较，那里有 70.5%的客户违约。毫无疑问，对于信用卡违约的原因，这个模型提供的信息很有用。

5.5.1　分类树的工作原理

我们已经知道了分类树是如何工作的，接下来深入讨论分类树模型中的一系列规则是如何生成的，以阐明分类树的工作原理。从本质上说，分类树通过将特征空间划分为矩阵区域来生成预测。在分类的情形下，要尽量使分割区域均匀。通常使用的方法称为**递归二元分割**（Recursive Binary Splitting）。假设有两个特征需要进行分割：紫色和黄色。如果需要根据这两个特征进行分割，将特征空间划分为两个区域，目标是让这两个区域尽可能一致，那么需要回答下面的两个问题。

- 应该选择哪个特征进行分割？

- 应该选择哪个点完成分割？

回答这两个问题，会给出分类树顶部的第一条规则（见图 5-7）。

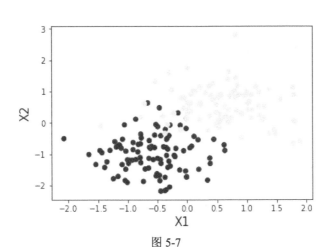

图 5-7

通过观察图 5-7 就能猜出答案，问题如下。

- 应该分割哪个特征？答案是 X2。

- 应该在哪个点完成分割？答案是−0.6。

这里进行了第一次分割：X2≥−0.6。现在，特征空间分割成了两个区域，如图 5-8 所示。

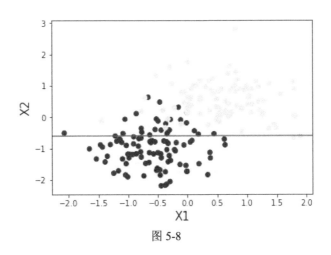

图 5-8

现在，对每个区域都要递归地回答这两个相同的问题。顶部区域则要回答下面的问题。

- 应该分割哪个特征？答案是 X1。

- 应该在哪个点完成分割？答案是−0.1。

现在空间看起来如图 5-9 所示。

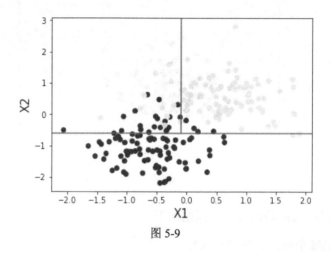

图 5-9

现在，底部区域要回答下列问题：

- 应该分割哪个特征？答案是 X1。

- 应该在哪个点完成分割？答案是 0.7。

输出结果如图 5-10 所示。

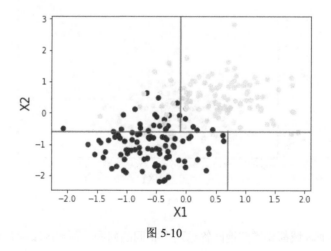

图 5-10

现在有了一棵"小树",表示如下：

X2≥-0.6 吗？

- 如果为 True：X1≥-0.1 吗？

  ➢ 如果为 True：（右上方）预测为黄色。

  ➢ 如果为 False：（左上方）预测为紫色。

- 如果为 False：X1≥0.7 吗？

  ➢ 如果为 True：预测为黄色。

  ➢ 如果为 False：预测为紫色。

这种递归式分割数据空间的方法一直可以持续到抵达某种停止准则，比如分类树的最大规模，或者考虑在一个节点（"盒子"）中进行分割的样本达到最小个数。为了控制分类树的尺寸，我们给出在 scikit-learn 中可以改变的较为简单的 3 个参数。

- max_depth：分类树的最大深度。若没有这个参数，则节点可以扩展到所有"叶子"都"纯粹"的位置，或者直到所有"叶子"包含的样本少于 min_samples_split。

- min_samples_split：（默认等于 2）分割内部节点所要求的最小样本个数。如果样本个数为 int 类型，那么把 min_samples_split 看作最小个数；如果样本个数为 float 类型，那么 min_samples_split 是一个百分数并且 ceil(min_samples_split * n_samples) 是每个分割的最小样本个数。

- min_samples_leaf：（默认等于 1）一个叶节点上要求的最小样本个数。如果样本个数为 int 类型，那么把 min_samples_leaf 看作最小个数；如果样本个数为 float 类型，那么 min_samples_leaf 是一个百分数并且 ceil (min_samples_leaf * n_samples) 是每个节点最小的样本个数。

还有其他参数可用于控制树的尺寸和分割准则，但调节可能需要更多的技术知识。

当然，这只是个简单的示例。这里只在视觉上决定特征和分割。scikit-learn 中的分割算法是通过计算一种称为 Gini 指数的量，或另一种称为熵（Entropy）的量来实现的。这些技术知识超过了本书范围，你可以看一下参考资料中的文献。

最后，请记住，研究人员发布的"树"模型有很多类型和变化（如 ID3、C4.5、C5.0 和 CART 等），每一种都有不同的技术和理论原因，以这种或那种方式建立树。基于树模型的更深入讨论，可以看一下 Loh W Y（2008）。刚才给出的解释是一般性的。

5.5.2　分类树的优点和缺点

分类树模型的主要优点如下。

- 它们非常易于理解和解释。

- 产生的规则易于实现。

- 用它们生成预测的计算效率较高。

- 需要的预处理很少，不会被有偏差的预测变量影响，不易被尺度不同的预测变量影响。

分类树模型的主要缺点如下。

- 预测能力通常小于其他模型，因此不易生成高度精确的预测。

- 往往不稳定，甚至数据集较小的改变也会导致结果发生较大变化，因为从技术上说其为具有**高方差**的模型。

- 容易过拟合。

- if-then 规则过于简单，导致分类树模型无法学习一些复杂的交互作用规律。

scikit-learn 官方文档包含了对实际应用非常有用的提示。如果你对此感兴趣，不妨花些时间阅读这个文档。

5.5.3　训练更大的分类树

现在，我们基本阐明了分类树的工作原理，接下来会学习训练一棵更大的"树"。为了简化过程，这里采用默认的 scikit-learn 参数，而且只使用 max_depth 和 min_samples_split 控制树的规模：

```
class_tree = DecisionTreeClassifier(max_depth=6, min_samples_split=50)
class_tree.fit(X_train, y_train)
y_pred_class_tree = class_tree.predict(X_train)
```

在计算这个模型的训练准确率得分时，使用下列代码：

```
accuracy_class_tree = accuracy_score(y_true=y_train,
y_pred=y_pred_class_tree)
accuracy_class_tree
```

结果为 0.80824，即约 80.8%，与逻辑回归模型的训练准确率相当。

最后，注意这个模型有另一个优点，可以计算特征重要性的（标准化）得分，使用 feature_importances_ 方法可以完成：

```
pd.Series(data=class_tree.feature_importances_,
index=X_train.columns).sort_values(ascending=False).round(3)
```

输出结果如图 5-11 所示。

模型为 months_delayed 指派了最大的重要性，而性别、婚姻状况或教育水平几乎都不重要。下面绘制一幅图像，让这一点更清楚：

```
pd.Series(data=class_tree.feature_importances_,
index=X_train.columns).sort_values(ascending=False).plot(kind='bar');
```

输出结果如图 5-12 所示。

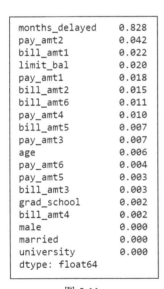

图 5-11

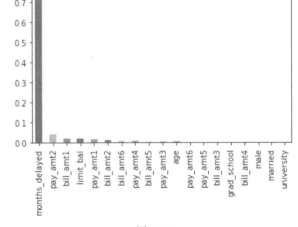

图 5-12

现在大家已经基本理解了分类树模型，它是随机森林的基础，随机森林是预测能力最强大的模型之一。

5.6 随机森林

随机森林的优点之一是具有简单性。但是，这同时也是它的缺点——性能通常会更糟，特别是当树很小时，得到的是所谓的弱分类器。20 世纪 80 年代末，Kearns 和 Valiant 两位研究者曾提出这样的问题，"能用一组弱学习器创建一个强学习器吗？"这个问题引发了关于**集成方法**或**集成学习**的大量研究。集成学习的核心思想很简单，它不是只使用一个模型，而是使用许多的单独模型，并将预测组合起来。这个简单的思想是机器学习可以生成非常精确的模型的关键之一。当然，集成学习是机器学习研究的一个完整的子领域，本书对此不会讨论太多，只从整体上介绍一些随机森林相关的基本概念。

- **自助样本**。如果有一个包含 n 个观测的数据集 D，那么数据集的自助样本由 D 中可替换的随机选择的 n 个样本组成。假设 $D=[1,2,3,4,5]$，那么一个自助样本可能是 $D*=[5,5,5,2,2]$。这里的取值有重复，因为抽样过程是可替换的。

- **装袋**。这个词源于自助聚合，它是这样一个过程：例如在一个数据集中取了 k 个自助样本，然后对 k 个自助样本的每一个拟合一个模型。这表示应该有 k 个模型，然后通过回归意义下的平均，或在分类的情形下运用**多数投票规则**将它们的个别预测聚合（组合）起来。例如，如果 $k=100$，并且将 100 个模型中的 75 个分类为"违约"，那么装袋的最终分类就是"违约"。装袋是随机森林的基础，后者运用简单的变化去除了单个预测器的相关性。

之所以称之为"**森林**"，是因为单个预测器称为"树"。如果 $k=100$，模型给出的预测非常类似或者（在极端的情况下）完全相同，那么使用 100 个模型没有任何意义，因为它们给出的意见相同，就像邀请 100 个人来辩论，如果他们的主题观点相同，那么不会有任何辩论。去除单个预测器的相关性表示它们彼此之间有一定区别，所以可以提供不同观点。随机森林在分割树时只使用随机样本（这就是随机森林名字中"随机"的来源），从而实现了"去相关"。

在构建树的过程中，如果有一个节点要被分割，所选择的分割就不再是所有特征之间的最佳分割。相反，选取的分割是特征的随机子集之间的最佳分割。因此，假如有 15 个预测器，而且 max_features 参数是 5，那么这次分割将只考虑 5 个随机选择的特征。一旦拟合了所有单个的树，那么将运用多数投票规则给出最终的预测。当然其中还有更多的技术细节，但现有的介绍已足以说明这些模型的工作原理。

现在，既然单个预测器是树，那么使用这些模型时需要为单个的树和集成本身提供超参数。这给随机森林的优化增加了难度，但 scikit-learn 往往会给出好的默认参数。

下面我们拟合第一个随机森林模型：

```
from sklearn.ensemble import RandomForestClassifier
rf = RandomForestClassifier(n_estimators=99,
                            max_features=5,
                            max_depth=4,
                            min_samples_split=100,
                            random_state=85)
rf.fit(X_train, y_train)
y_pred_rf = rf.predict(X_train)
```

现在看一下训练准确率得分：

```
accuracy_rf = accuracy_score(y_true=y_train, y_pred=
y_pred_rf)
```

结果为 0.80744，即约 80.7%，与其他模型得到的结果相差不远。

这些模型给出了变量重要性的度量：

```
pd.Series(data=rf.feature_importances_,
index=X_train.columns).sort_values(ascending=False).round(3)
```

输出结果如图 5-13 所示。

可以看到，所有这些结果或多或少与分类树的结果一致。

```
months_delayed    0.828
pay_amt2          0.042
bill_amt1         0.022
limit_bal         0.020
pay_amt1          0.018
bill_amt2         0.015
bill_amt6         0.011
pay_amt4          0.010
bill_amt5         0.007
pay_amt3          0.007
age               0.006
pay_amt6          0.004
pay_amt5          0.003
bill_amt3         0.003
grad_school       0.002
bill_amt4         0.002
male              0.000
married           0.000
university        0.000
dtype: float64
```

图 5-13

5.7 训练误差对测试误差

至此，我们给出了 3 个很有用的分类模型，接下来在测试集上评价其准确率。在测试集上，这 3 个模型都给出了大概 80% 的准确率。在计算测试精度之前，先回忆一下第 4 章中关于参照点的内容，想一想这"大概 80% 的准确率"是好是坏。我们在第 4 章中以某种方式回答了这个问题，如果缺乏某位客户的任何相关信息，那么他下个月的还款状态预测是什么呢？这时只有两种结果，还款或违约。样本中的大多数客户都还款了，那么在缺乏任何信息的情况下，最佳预测应该是还款。这个简单的策略（总是预测还款）在这种情况下称为**零模型**，即没有预测器的模型。从逻辑上说，如果数据集中 77.9% 的观测属于还款类别，那么零模型就有 77.9% 的可能性是正确的。可以使用测试数据对此进行修正：

```
y_pred_null = np.zeros_like(y_test)
accuracy_score(y_true=y_test, y_pred=y_pred_null)
```

结果为 78.2%，根据这个结果，可以认为这 3 个模型"大概 80% 的准确率"并不太好。但是，这并不表示这些模型无用。原因可能是没有做出合理的判断，也可能是没有正确评价它们。我们将在第 8 章深入研究分类模型的评价。目前，我们仅出于对完整性的考虑，对这 3 个模型进行训练和准确率测试：

```
## Remember to also standardize the numerical features in the testing set
X_test.loc[:, numerical_features] =
scaler.transform(X_test[numerical_features])
## Calculating accuracy
accuracies = pd.DataFrame(columns=['train', 'test'],
index=['LogisticReg','ClassTree','RF'])
model_dict = {'LogisticReg': log_reg, 'ClassTree': class_tree, 'RF': rf}
for name, model in model_dict.items():
    accuracies.loc[name, 'train'] = accuracy_score(y_true=y_train,
y_pred=model.predict(X_train))
    accuracies.loc[name, 'test'] = accuracy_score(y_true=y_test,
y_pred=model.predict(X_test))

accuracies
```

输出结果如图 5-14 所示。

可以看到，如果仅根据训练集和测试集的准确率评估模型，这 3 个模型的表现几乎一样：

```
fig, ax = plt.subplots()
accuracies.sort_values(by='test', ascending=False).plot(kind='barh', ax=ax,
zorder=3)
ax.grid(zorder=0)
```

输出结果如图 5-15 所示。

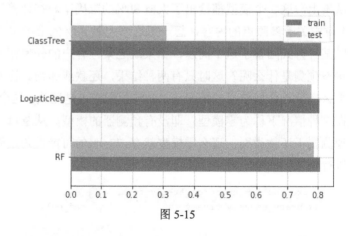

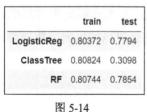

	train	test
LogisticReg	0.80372	0.7794
ClassTree	0.80824	0.3098
RF	0.80744	0.7854

图 5-14

图 5-15

以后不再讨论这些模型，但需要牢记工作还未完成。为了提高这些模型的性能，我们还可以做许多事。

- 使用 PCA 处理相关性的特征（`bill_amt` 和 `pay_amt`）。

- 寻找使预测更好的超参数，这称为超参数调整。

- 改变分类的阈值，默认值是 0.5。

- 超越准确率：进行更完整、更好的模型评价。

相关讨论可参见第 8 章。

5.8 多元分类

本节的主题是多元分类的简介。多元分类对应着目标多于两类的情形。使用之前曾解释过的类似逻辑，分类树这样的模型可以处理这种情况。其他模型比如逻辑回归模型，定义仅仅面向两分类，最常用的方法称为一对其余（One-vs-the-Rest）或一对所有（One-vs-All）。这种策略只能用于生成概率或其他得分的模型，得到的概率和得分可以解释为分类的置信度。这种方法对每个类拟合一个分类器（该类相当于其他类）。这个类中的观测被认为是正类，其余的都被认为是负类。在所有模型都训练后，指派给观测的类是生成概率（或得分）最高的模型。

这里给出一个小例子，鸢尾花数据集 Iris 是在人类历史上使用最多的数据集。它是一个小数据集，包含 150 朵花的 4 项特征，花萼长度、花萼宽度、花瓣长度、花瓣宽度。每朵花属于 3 个类别之一（`setosa`、`versicolor` 或 `virginica`）。通过 4 项特征判断花的种类，这就是一个多元分类问题。为了拟合一个逻辑回归模型，它将（自动地）使用一对所有方法生成分类。下面载入数据集、拟合模型并进行预测：

```
# Loading the iris dataset
from sklearn.datasets import load_iris
iris = load_iris()
# Training the logistic regression model
iris_log_reg = LogisticRegression(C=1e5)
iris_log_reg.fit(iris.data, iris.target)
# Making predictions
iris_probs = iris_log_reg.predict_proba(iris.data)
iris_pred = iris_log_reg.predict(iris.data)
```

现在看一下结果：

```
iris_pred_df = pd.DataFrame(iris_probs, columns=iris.target_names).round(4)
iris_pred_df['predicted_class'] = iris.target_names[iris_pred]
iris_pred_df.sample(12)
```

输出结果如图 5-16 所示。

	setosa	versicolor	virginica	predicted_class
17	0.9400	0.0600	0.0000	setosa
109	0.0000	0.0332	0.9668	virginica
10	0.9512	0.0488	0.0000	setosa
78	0.0000	0.9974	0.0026	versicolor
22	0.9582	0.0418	0.0000	setosa
42	0.8494	0.1506	0.0000	setosa
148	0.0000	0.0497	0.9503	virginica
140	0.0000	0.0907	0.9093	virginica
83	0.0000	0.4270	0.5730	virginica
15	0.9959	0.0041	0.0000	setosa
133	0.0000	0.7520	0.2480	versicolor
55	0.0000	0.9998	0.0002	versicolor

图 5-16

可以看到，预测类别的概率最高。这个小例子表明，在 scikit-learn 上进行多元分类并不比二元分类更复杂。

5.9　朴素贝叶斯分类器

朴素贝叶斯分类器是基于著名的贝叶斯定理的一族分类器。本节会稍微跑题（所以在本章最后介绍它），但在预测分析工具箱中保留这个分类器族是对的。接下来我们简要介绍一些重要概率的概念，并讨论这个分类器背后的概念，再在具体问题中加以应用。

5.9.1　条件概率

在这里，我们不对概率概念进行严格数学讨论，而专注于概念，并进行一些计算使之具体化。

我们将使用相同数据集，并假定通过计算 30000 名客户样本中的相对频率，可以准确估计不同事件的概率，这种假设很合理。例如，定义以下事件。

- **事件 A**：客户违约。

- **事件 B**：客户是男性。

- **事件 C**：客户年龄在 30 岁和 39 岁之间。

如果从银行所有客户的总体中随机选择一位客户，假定执行下列计算后可以得到这些事件的对应概率：

```
N = ccd.shape[0]
Prob_A = (ccd['default']==1).sum()/N
Prob_B = (ccd['male']==1).sum()/N
Prob_C = ((ccd['age']>=30) & (ccd['age']<=39)).sum()/N
print("P(A) = {:0.4f}; P(B) = {:0.4f}; P(C) = {:0.4f}".format(Prob_A,
Prob_B, Prob_C))
# Which gives:
P(A) = 0.2212; P(B) = 0.3963; P(C) = 0.3746
```

现在来回顾一下**条件概率**的概念，就如名字所示，条件概率是事件在某些条件（或事件）取为真的条件下的概率。在数学上，"给定 B 事件下 A 事件发生的概率"的定义如下：

$$P(A\mid B)=\frac{P(A\bigcap B)}{P(B)}$$

在该示例的背景下，定义如下：

$$P(\text{default}\mid \text{male})=\frac{P(\text{default and male})}{P(\text{male})}$$

它可以这样解读，如果只看男性客户（男性是一个取为真的事件），违约的概率由这两个概率的比值给出。

- **分子**：两个事件同时发生的概率。

- **分母**：客户是男性的概率。

执行这个计算：

```
numerator = ((ccd['default']==1) & (ccd['male']==1)).sum()/N
denominator = Prob_B
```

```
Prob_A_given_B = numerator/denominator
print("P(A|B) = {:0.4f}".format(Prob_A_given_B))
## Which gives:
P(A|B) = 0.2417
```

当然，可通过过滤使数据集只包括男性，再计算这个过滤后的 DataFrame 中的违约比例，能获得相同的结果：

```
only_males = ccd.loc[ccd['male']==1]
only_males['default'].value_counts(normalize=True)
## Which gives:
0.2417
```

5.9.2　贝叶斯定理

根据贝叶斯定理可得到刻画条件概率之间关系的公式。根据条件概率的定义，这个公式的数学推导很简单。下面是它基本的形式：

$$P(A \mid B) = \frac{P(B \mid A)P(A)}{P(B)}$$

这个公式看起来并不复杂，但它非常有用，虽然用处不明显。首先要理解，这个公式给出了 $P(A|B)$ 和 $P(B|A)$ 之间的关系，它们绝对不同。因此，这里的示例会运用下面的方法表示。

- $P(A|B)=P(\text{default}|\text{male})=$ 男性客户违约的概率。

- $P(B|A)= P(\text{male}|\text{default})=$ 违约客户是男性的概率。

是否还觉有困惑？不着急，大家都会遇到这种问题。在第一个条件概率中只看男性，然后计算违约的概率。在第二个条件概率中只看违约，然后计算男性的概率。下面来计算这两个概率，从而展示不同之处。首先计算 $P(\text{default}|\text{male})$：

```
only_males = ccd.loc[ccd['male']==1]
Prob_default_given_male =
(only_males['default']==1).sum()/only_males.shape[0]
Prob_default_given_male
## Which gives:
0.2417
```

可以如此进行解释：如果已知客户是男性，那么他**违约**的可能性为 24.17%。

现在计算 $P(\text{male}|\text{default})$：

```
only_defaults = ccd.loc[ccd['default']==1]
Prob_male_given_default =
(only_defaults['male']==1).sum()/only_defaults.shape[0]
Prob_male_given_default
## Which gives:
0.4329
```

换句话说，如果已知一名客户是违约的，那么此人是男性的可能性为 **43.29%**。

贝叶斯定理给出了一种联系这些概率的方式，如下所示：

$$P(\text{default} \mid \text{male}) = \frac{P(\text{male} \mid \text{default})P(\text{default})}{P(\text{male})} = \frac{0.4392 \times 0.2212}{0.3963} \approx 0.2417$$

可以直接进行这些计算：

```
Prob_default = Prob_A
Prob_male = Prob_B
Prob_male_given_default * Prob_default / Prob_male
## Which gives:
0.24167227456
```

这与直接计算得到的结果是大致相同的。

如果只知道一个条件概率，并想知道"逆"条件概率 $P(B|A)$ 时，贝叶斯定理就有用武之地了。

使用贝叶斯术语

下列公式包含多个贝叶斯术语。

$$P(\text{default} \mid \text{male}) = \frac{P(\text{male} \mid \text{default})P(\text{default})}{P(\text{male})}$$

下面我们逐一阐述这些术语。

- $P(\text{default}|\text{male})$：**后验概率**（Posterior probability）或简单后验，这是已知一些事实或信息后，目标事件的概率，在这个示例中，"信息"是第二个事件——客户是男性。

- $P(\text{default})$：**先验概率**（Prior probability）或简单先验，是考虑任何信息之前的概率。

- $P(\text{male}|\text{default})$：**似然**（Likelihood），"逆"条件概率，即目标事件为真，信息（第二个事件）为真的概率。

- P(male)：信息或第二个事件的概率，有时候它指第二个事件的**证据**（Evidence）的概率。

于是，公式变成下面的形式：

$$Posterior = \frac{Likelihood \times Prior}{Evidence}$$

5.9.3 回到分类问题

如果给定一些新信息，分类要做的就是计算事件的后验概率。如果某位特定客户没有相关信息，那么他的违约概率只能判断为之前计算的默认值——P(default)=0.2212，即 22.12%。但如果这位客户有额外信息呢？对这位 35 岁的客户还能有更多的了解吗？贝叶斯定理说明事件的概率可以使用新信息进行更新：

$$P(default \mid age = 35) = \frac{P(age = 35 \mid default)P(default)}{P(age = 35)}$$

如果能得到更多的信息，例如，又知道该客户的授信金额是 150K，那么这两部分信息该如何同时使用呢？就像之前那样进行处理：

$$P(default \mid age = 35, limit\_bal = 150K) = \frac{P(age = 35, limit\_bal = 150K \mid default)P(default)}{P(age = 35, limit\_bal = 150K)}$$

P(age=35,limit_bal=150K)这一项是联合概率的一个示例，或者两个事件同时为真的概率。

前一个公式略显复杂，而事实上它非常复杂，这就是朴素贝叶斯分类器的**朴素**部分发挥作用的地方。假定特征（信息）是**独立**的，换句话说，年龄（age）和授信金额（limit_bal）之间没有关系。这是一种天真的假设，因为所有数据集中的特征几乎都存在某种程度的依赖。接受这种天真假设的关键在于它可以简化公式，独立事件的联合概率是各个事件的概率乘积：

$$\frac{P(age = 35, limit\_bal = 150K \mid default)P(default)}{P(age = 35, limit\_bal = 150K)}$$

$$= \frac{P(age = 35 \mid default) \times P(limit\_bal = 150K \mid default) \times P(default)}{P(age = 35, limit\_bal = 150K)}$$

现在需要计算诸如 P(age=35|default)这样的事件概率。这里是朴素贝叶斯分类器的第

二个假设（可能一样的天真）发挥作用的位置。在连续特征的情况下，假定能获得像 $P(age=35|default)$ 这样的事件概率，还假定 $P(age|default)$ 是一个正态（高斯）分布。看一看实际数据：

```
## This dataframe contains only defaults:
sns.distplot(only_defaults['age'], hist=False)
plt.title("P(age | default)");
```

输出结果如图 5-17 所示。

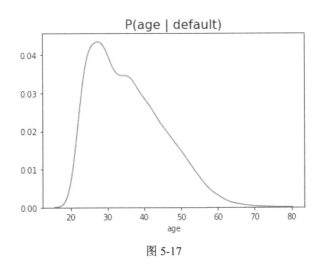

图 5-17

它看起来不是正态的，但是这个假设并没有过分离谱。为了计算对应的概率，我们对所有特征使用相同的假设。朴素贝叶斯族的这个成员称为**高斯朴素贝叶斯**。

5.9.4　高斯朴素贝叶斯

只考虑连续预测变量（特征）时可以考虑使用该分类器。记住，这里假定了如下两件事。

- 给定目标的任何取值，每组特征对都有独立的分布。
- 特征服从高斯分布。

尽管这些假设有些理想化，但这类分类器在许多分类任务中还是非常有效的，比如文档分类和垃圾邮件过滤。

下面我们给出它的一般形式。例如有 k 个特征，因为这是一个二元分类问题，所以有两个相关的后验概率需要计算，其中一个是违约的后验概率：

$$P(\text{default} \mid x_1, x_2, \cdots, x_k) = \frac{P(x_1, x_2, \cdots, x_k \mid \text{default})P(\text{default})}{P(x_1, x_2, \cdots, x_k)}$$

另一个是还款的后验概率：

$$P(\text{pay} \mid x_1, x_2, \cdots, x_k) = \frac{P(x_1, x_2, \cdots, x_k \mid \text{pay})P(\text{pay})}{P(x_1, x_2, \cdots, x_k)}$$

分类规则很简单，给定 $x_1, x_2, \cdots, x_k$ 的值，预测后验概率最高的类别，即可以最大化下列等式的 y（违约或还款）的取值：

$$Q = \frac{P(x_1, x_2, \cdots, x_k \mid y)P(y)}{P(x_1, x_2, \cdots, x_k)}$$

使用独立性假设，可以得到下列等式：

$$P(x_1, x_2, \cdots, x_k \mid y) = P(x_1 \mid y)P(x_2 \mid y) \cdots P(x_k \mid y) = \prod_{i=1}^{k} P(x_i \mid y)$$

Q 的分母不依赖于 y，因此可以忽略，还可以只使用分子给出的下列分类规则：

$$y\_\text{pred} = \arg\max_{y} P(y) \prod_{i=1}^{k} P(x_i \mid y)$$

scikit-learn 的高斯朴素贝叶斯

scikit-learn 在内部进行的处理过程是先估计特征的高斯分布的参数，再计算下式：

$$P(y) \prod_{i=1}^{k} P(x_i \mid y)$$

它最终会给出使这个量最大化的 y。该规则适用于二元或多元分类问题。

这里只使用数据集的数值特征训练这个算法：

```
from sklearn.naive_bayes import GaussianNB
gnb = GaussianNB()
gnb.fit(X_train[numerical_features], y_train)
y_pred_gnb = gnb.predict(X_test[numerical_features])
```

这样就可以得到准确率得分：

```
accuracy_score(y_true=y_test, y_pred=y_pred_gnb)
## Which gives
0.4182
```

至少从准确率的观点来看，这个结果相当糟糕！可能高斯朴素贝叶斯对于这个问题来说不是一个好的分类器。这不要紧，并非所有预测建模的方法都会有效。

如果只有二元特征或分类特征，还可以使用这个方法族中的其他成员，比如多项朴素贝叶斯或伯努利朴素贝叶斯。但是，如果特征是连续型和分类型的混合呢？原则上，我们可以使用朴素贝叶斯方法，数学公式依然相同，只是假定连续特征服从高斯分布，并假定二元特征服从伯努利分布。但是，scikit-learn 的局限之一是只能使用一种类型的特征。这就是这个算法会被限定于某些类别问题的原因，比如文本分类。

尽管朴素贝叶斯存在一些局限，但它仍能给出非常好的结果，值得被留在预测分析工具箱中。

5.10　小结

在本章中，我们介绍了分类任务的重要模型，并对信用卡违约数据集进行了实际建模；介绍了应用和研究行业中常用的模型，面向 3 种分类任务，即二元分类、多元分类和多标签分类；还介绍了逻辑回归模型——尝试用于估计一个观测属于正类的条件概率；最后介绍了如何根据基于一对多方法的 scikit-learn 模型自动实现分元分类问题。

我们接下来将介绍深度模型。这一类模型在近年来非常流行，之所以如此流行，既因为它是预测分析模型，也因为它在人工智能领域中取得的成功。

我们将在第 6 章探索面向预测分析的神经网络。

扩展阅读

- Friedman J, Hastie T, Tibshirani R, 2001. *The elements of statistical learning*. Springer series in statistics.

- Loh W Y, 2008. *Classification and regression tree methods*. Encyclopedia of statistics in quality and reliability: 1, 315-323.

- Pedregosa F, et al, 2011. *Scikit-learn: Machine learning in Python*. Journal of machine learning research.

- Raschka S, Mirjalili V, 2017. *Python Machine Learning*. Packt Publishing.

第6章 面向预测分析的神经网络简介

本章主要内容

- 神经网络简介。

- TensorFlow 和 Keras 简介。

- 基于神经网络的回归模型。

- 基于神经网络的分类模型。

- 一些应用神经网络的重要实用技巧。

我们在第 4 章和第 5 章介绍了一些面向回归任务和分类任务的常用模型。在本章中，我们会引入神经网络模型。这一类模型是深度学习的基础，而深度学习是人工智能领域中近年来发展较快的机器学习方法。

我们将详细介绍基于神经网络的预测分析。这里的要点是模型的基本概念，以及学习如何训练基本的神经网络类型——**多层感知器**（Multilayer Perceptron，MLP）。

在讨论 MLP 结构时，我们首先会介绍神经网络的主要概念，然后讨论如何学习这些模型进行预测。介绍完概念，我们将带领大家学习 TensorFlow，特别是 Keras——它是本章构建模型和训练模型所使用的主要工具。我们将继续使用本书中处理过的两个数据集，并看一看神经网络做出的预测是否会更好，最后总结神经网络模型的相关训练问题，讨论一些重要的相关技术，比如早期停止和 dropout 正则化。

学完本章后，我们就可以把 MLP 引入自己的预测分析工具箱。

6.1 技术要求

- Python 3.6 或更高版本。

- Jupyter Notebook。

- 最新版本的 Python 库：NumPy、pandas、matplotlib、Seaborn 和 scikit-learn。

- TensorFlow 和 Keras 的最新版本。

6.2 引入神经网络模型

近年来，神经网络和深度学习等术语无疑吸引了人们的大量关注。尽管这些技术难免存在炒作和误解之嫌，但它们依然是人工智能领域中飞速发展和取得重大突破的部分，应用领域涉及自动驾驶汽车、语言翻译器、语音识别、计算机视觉，以及各种与深度模型有直接关系的许多其他成果。

本章还会介绍神经网络模型的一些基本类型。MLP 将使用这些模型解决预测分析问题，尤其是把它们应用于本书中处理过的两个数据集。

6.2.1 深度学习

我们在第 4 章中提到，机器学习是计算机科学的一个子领域，也是一种人工智能方法。人工智能方法可赋予计算机系统学习能力，使其无须明确编程就能执行任务。因此，机器学习是一系列智能系统的生成方法。深度学习是机器学习的一个子集，基于称为**神经网络**的模型。这些模型能构建出一系列的**层**，可以把这些层看作输入特征的表示。神经网络模型中相继的层可以视为意义越来越明显的输入特征表示。深度学习中的**深度**是使用神经网络模型中的层数来实现的。某些类型的模型架构要求数十层甚至上百层，从而可以学习更复杂的任务，比如语音识别、图像分类、语言处理、图像说明、自动翻译以及其他的人工智能应用。这些模型的成功源于它们可以自动学习非结构化数据，从而形成有意义的表示，比如视频、音频、图像、文本等，但是，训练这些模型需要大量数据。随着不同的模型架构的出现，对于什么是**深**的认知已经发生了改变，但仍比较随意，还不存在一条划分"深"模型与"浅"模型的规则。在本书撰写的过程中，大致一个多于 24 层的模型会被认为是深度学习模型。

神经网络模型受到了生物大脑的启发。大脑的神经元可以计算并相互连接，人工神经网络中的神经元也可以计算并相互连接，形成神经元相互连接的网络。不过，在现实中就不能进行这样的类比，生理大脑有复杂的结构，它的工作原理还有许多未解之谜等待探索。所以，如果有人问神经网络是不是像大脑一样工作，答案肯定为"不是"。

因为要处理的数据集相对较小，这里并不构建深度学习模型，只构建包含几层的模型。这里的重点是介绍模型的基本概念，以及学习如何训练基本的神经网络——MLP。

6.2.2　MLP 的结构——神经网络模型的组成部分

在神经网络或深度学习的领域中，有许多术语在初步学习时很容易混淆。其中一些术语与神经网络模型本身有关，另一些与训练过程有关。本节将介绍本章会用到的神经网络模型的组成部分——MLP。它是最基本的神经网络。在给出定义之前，应该对模型的层次进行清楚定义，即神经网络由层组成，层由神经元组成。

神经元，也称为**人工神经元**，是神经网络模型的计算单元，因此有时也称为**单元**。本章将介绍的神经元是数学函数，它们接收 n 个输入或一个输入向量——$\boldsymbol{x} = (x_1, x_2, x_3, \cdots, x_n)$，并返回一个输出。它们的数学定义如下：

$$\text{输出} = \boldsymbol{g}(w_1 x_1 + w_2 x_2 + w_3 x_3 + \cdots + w_n x_n + b) = \boldsymbol{g}\left(\sum_{i=1}^{n} w_i x_i + b\right)$$

神经元最普遍的图形表示如图 6-1 所示（包含两个输入的神经元）。

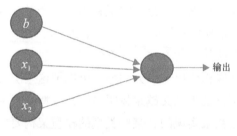

图 6-1

这种类型的神经元有以下 3 个组成部分。

- **权重**：定义式中与每个输入相乘的 w 的集合。

- **偏置**：定义式中添加到求和项中的 b。出于一些技术原因，这个常数会提升模型的性能。

- **激活函数**：定义式中的 $\boldsymbol{g}$，神经网络模型中引入非线性的成分，有一些标准的激活函数，比如 Sigmoid、Hyperbolic Tangent 或 ReLU。这里可以得到一幅图像，给出这些常用的激活函数：

```
x = np.linspace(-5, 5, 200)
```

```
fig, ax = plt.subplots(nrows=1, ncols=3, figsize=(10,4))
ax[0].plot(x, 1/(1+np.exp(-x)))
ax[0].set_title('Sigmoid')
ax[1].plot(x, np.tanh(x))
ax[1].set_title('Hyperbolic Tangent')

ax[2].plot(x, np.maximum(0, x))
ax[2].set_title('ReLU')

for p in ax:
    p.grid()
```

输出结果如图 6-2 所示。

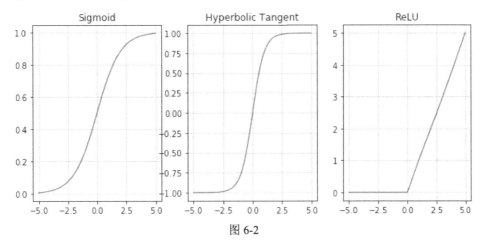

图 6-2

层由神经元组成。层就像模型的一个数据处理模块，用于接收输入并产生输出。在数学上，层可以看作接收 k 个输入并返回 m 个输出的函数。层是从数据中提取有意义的表示的组成部分。层的类型不同，本章将使用的层称为**稠密的**或**完全连接的**层。

- **神经网络**：这个模型由相继的层组成。不同位置有不同类型的层。

- **输入层**：由数据集的特征组成的层。

- **隐藏层**：神经网络的内部层，这是进行处理和学习的位置。

- **输出层**：模型生成的输出层。在回归任务中，它是预测；在分类任务中，它通常是每个类别的概率。

常见的 MLP 可视化如图 6-3 所示。

介绍完 MLP 的基本组成部分，我们来讨论一下它是如何学习进行预测的。

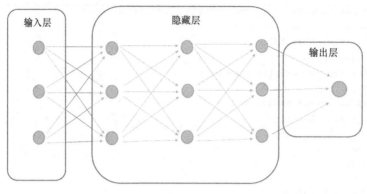

图 6-3

6.2.3　MLP 的学习原理

MLP 可以当作一个参数模型，就像多元线性回归模型。训练 MLP 意味着要找到正确的权重（w）集合和偏置，从而使模型可以学会使用输入特征生成目标。在多元线性回归模型中找到的权重集合在这样的意义下是最佳的，即没有其他的权重集合会使误差平方和更小。MLP 也试图做类似的事情，找到权重的最佳集合。但是，由于复杂性和 MLP 的结构，存在一些技术性原因导致不可能找到权重的最佳集合，因此训练 MLP 意味着找到"足够好"的一组权重和偏置，这样模型会产生好的预测。

接下来我们从整体上解释 MLP 的训练循环机制，它包含一系列训练 MLP 模型的步骤。在进入训练循环前，需要对网络的权重进行随机初始化，偏置通常取 1。随机初始化有一些规则和最佳的实践方式，这些最佳的实践方式已经内置到深度学习的库中，因此不需要再担心操作。进入训练循环之前会执行这些步骤。训练循环的步骤如下。

- **获取批次**：得到一批训练样本和对应的目标。在继续深入之前，有一件非常重要的事情需要了解。神经网络模型通常会处理非常大的数据集，出于训练方式的原因，整个数据集不会一次性处理。相反，数据会被划分成多个**批次**，每次向神经网络传递一批数据。**批尺寸**是一批数据中的样本数量。方便起见，批尺寸通常是 2 的乘方，比如 32、64、128、256 或 512，当然也可以使用其他的值，比如 100。

- **正向过程**：将批次传递给 MLP 并得到预测。循环的第二个步骤称为正向过程，它只取批次的样本，再传递给网络，并得到输出（预测）。

- **计算损失**：使用**损失函数**计算损失。要得到预测值，就该使用损失函数了。损失函数用于度量预测的表现。它生成的信号会说明预测值与目标值的接近程度。这个函数将取预测值和目标值作为输入，并输出一个称为**损失**的数值。因此这个步骤要计算神经网络在该批次上的损失，即预测值和观测值之间不匹配程度的度量。

- **更新权重**：同时更新网络的所有权重，并以这种方式减少当前批次上的损失——这是优化器的工作。优化器也是模型的组成部分，负责从损失函数中提取信号，并调整（更新）权重以减少损失。通常完成这项任务的机制称为**反向传播**。

这些训练步骤在一个**轮次**内完成，这是一次完整的训练集传递。假设这里的训练集大小是 6400，批尺寸是 64，那么，刚刚描述的训练循环将运行 100 次迭代完成一个轮次。通常来说，训练一个神经网络要经过许多轮次。在刚才给出的示例中，如果网络训练了 10 个轮次，那么初始权重会将每个轮次更新 100 次，乘以 10 个轮次，这将有 1000 次更新。

6.3 TensorFlow 和 Keras 简介

神经网络是一种特殊类型的机器学习模型。为了超越其他的机器学习方法，神经网络模型通常需要大量数据，它们的一项优势是训练过程可以在**图形处理单元**（GPU）这样的硬件中实现并行化。GPU 执行神经网络的训练速度比传统的 CPU 更快，因此，近年来出现了可以利用 GPU 的新专业软件框架。这些软件框架包括 Theano、Caffe 和 TensorFlow 等。这些软件框架让学术圈以外的专家也可以使用深度学习模型。在本节中，我们将介绍两个软件工具：TensorFlow 和 Keras。

6.3.1 TensorFlow

我们在第 1 章中讲到，TensorFlow 是为深度学习开发的专用库，在 2015 年 11 月实现了开源，目前在许多行业的深度学习研究和生产应用中已经成为首选库。

从这个库的官方主页可以找到下列描述：TensorFlow 是一个用于高性能计算的开源软件库。它的灵活架构使得计算部署可以轻松游刃于各种平台之间（如 CPU、GPU、TPU 等），以及从桌面到服务器集群再到移动和边缘设备。它对机器学习和深度学习有强大支持，可以为许多其他科学领域提供灵活的数值计算功能。

TensorFlow 有两种版本：GPU 版本和 CPU 版本。

从官方文档中可以读到下列内容。

- 专门支持 CPU 的 TensorFlow。如果系统中没有 NVIDIA GPU，就必须安装这个版本。注意，这个版本的 TensorFlow 安装通常比较容易（一般需要 5min 或 10min），所以即使你的 NVIDIA GPU 已经安装好，也推荐你安装这个版本。

- 支持 GPU 的 TensorFlow。TensorFlow 程序在 GPU 上的运行明显快于 CPU。因此，如果系统已经安装好 NVIDIA GPU，并满足接下来会展示的一些先决条件，同时也安装了决定性能的关键应用，那么可以考虑安装这个版本。

神经网络模型的训练通常在 GPU 中更快，如果要处理的数据集非常大，就很有必要使用 GPU 版本。当然，也需要使用相应的硬件。如果在计算机上没有 GPU，可以考虑类似于 FloydHub 或 PaperSpace 这样的硬件出租服务，这样可以训练并部署深度学习模型。如果计算机上有 GPU，可以安装 GPU 版本的 TensorFlow。安装过程依然很麻烦，并且对平台的依赖性很大。本节的主题是 TensorFlow（不是深度学习），因此这里将遵从 TensorFlow 的习惯规则，安装专门支持 CPU 的版本。如果你对 GPU 版本有兴趣，可以在官方网站上查看相关的要求。这里准备在激活的虚拟环境中安装 TensorFlow（如果使用 Anaconda 的话），在 Anaconda 提示符窗口运行下列命令：

```
pip install --ignore-installed --upgrade tensorflow
```

TensorFlow 具有丰富的高级计算功能，它的基础是数据流编程范式。TensorFlow 程序首先构建一张计算图，再在一个称为 **session** 的特定对象中运行图中所描述的计算，session 负责将计算放置在类似 CPU 或 GPU 这样的设备中。这种计算范式并不容易使用和理解，所以本章的示例并不直接使用 TensorFlow。在本章给出的示例中，TensorFlow 在后台活动，幕后执行所有计算，而作为前端用于构建神经网络模型的库是 Keras。

6.3.2 Keras——以人为本的深度学习

与直接使用 TensorFlow 不同，这里将使用 Keras 构建神经网络模型。Keras 是一个对用户友好的优秀的库，用作 TensorFlow（或其他深度学习库，比如 Theano）的前端。Keras 的主要目标是"以人为本的深度学习。"作者认为，Keras 简化了深度学习模型的开发。你可以从 Keras 官方主页读到下列内容：

"Keras 是一种高层次的神经网络 API，用 Python 编写而成，能够在 TensorFlow、CNTK 或 Theano 之上运行。它的开发重点是实现快速实验，而做好研究的关键是尽快实现想法。"

接下来在 Anaconda 虚拟环境中安装 Keras，注意必须**先完成** TensorFlow **的安装**。在

Anaconda 提示符窗口运行下列命令：

```
pip install keras
```

任务完成！现在请做好开始构建神经网络模型以及学习使用 Keras 的准备。

6.4 基于神经网络的回归

这里还要使用钻石价格数据集。尽管这是一个小型数据集，对 MLP 来说可能过于复杂，但也没有理由认为 MLP 不能应用。此外，回忆在示例中定义问题时，确定利益相关方想要预测尽可能准确的模型，因此需要看一看 MLP 预测结果的准确率。首先导入要使用的库（和以前一样）：

```
import numpy as np
import pandas as pd
import matplotlib.pyplot as plt
import seaborn as sns
import os
%matplotlib inline
```

现在总数是从零开始的，载入并准备数据集：

```
DATA_DIR = '../data'
FILE_NAME = 'diamonds.csv'
data_path = os.path.join(DATA_DIR, FILE_NAME)
diamonds = pd.read_csv(data_path)
## Preparation done from Chapter 2
diamonds = diamonds.loc[(diamonds['x']>0) | (diamonds['y']>0)]
diamonds.loc[11182, 'x'] = diamonds['x'].median()
diamonds.loc[11182, 'z'] = diamonds['z'].median()
diamonds = diamonds.loc[~((diamonds['y'] > 30) | (diamonds['z'] > 30))]
diamonds = pd.concat([diamonds, pd.get_dummies(diamonds['cut'],
prefix='cut', drop_first=True)], axis=1)
diamonds = pd.concat([diamonds, pd.get_dummies(diamonds['color'],
prefix='color', drop_first=True)], axis=1)
diamonds = pd.concat([diamonds, pd.get_dummies(diamonds['clarity'],
prefix='clarity', drop_first=True)], axis=1)
```

现在，运用在建模之前对这个数据集所做的变换。

将数据集分割为训练集和测试集：

```
X = diamonds.drop(['cut','color','clarity','price'], axis=1)
y = diamonds['price']
```

```
from sklearn.model_selection import train_test_split
X_train, X_test, y_train, y_test = train_test_split(X, y, test_size=0.1,
random_state=123)
```

用 PCA 在 x、y 和 z 上执行降维：

```
from sklearn.decomposition import PCA
pca = PCA(n_components=1, random_state=123)
pca.fit(X_train[['x','y','z']])
X_train['dim_index'] = pca.transform(X_train[['x','y','z']]).flatten()
X_train.drop(['x','y','z'], axis=1, inplace=True)
```

最后一步是标准化数值特征：

```
numerical_features = ['carat', 'depth', 'table', 'dim_index']
from sklearn.preprocessing import StandardScaler
scaler = StandardScaler()
scaler.fit(X_train[numerical_features])
X_train.loc[:, numerical_features] =
scaler.transform(X_train[numerical_features])
```

至此，神经网络的建模准备工作已经完成。

6.4.1　构建预测钻石价格的 MLP

如前所述，神经网络模型由一系列的层组成，因此 Keras 有一个类称为 Sequential，这个类可以用来实例化神经网络模型：

```
from keras.models import Sequential
nn_reg = Sequential()
```

完成了！我们已经创建了一个名为 nn_reg 的空的神经网络模型，现在需要为它添加层——将使用的层名为全连接层或**稠密层**，这些层由与前一层的所有神经元都连接的神经元组成。换句话说，稠密层中的每个神经元都接收前一层所有神经元的输出。MLP 由稠密层组成。接下来导入 Dense 类：

```
from keras.layers import Dense
```

正如在概念部分所讨论的，MLP 的第一层总是输入层，这一层总是接收特征的数据，并将其传递到第一个隐藏层。但在 Keras 中，不必创建输入层，因为这一层基本上就是特征。因此，代码中肯定看不到输入层，但在概念上它是存在的。清楚这一点后，还要说明将添加到空神经网络中的第一层也是第一个隐藏层，这一层很特别，因为输入的形状需要指定（作为元组）。从 Keras 的官方文档可以读到，序列模型中的第一层（而且只是第一层，因为后续层可以进行自动化形状推断）需要接收输入形状的相关信息。接下来添加第一层：

```
n_input = X_train.shape[1]
n_hidden1 = 32
# adding first hidden layer
nn_reg.add(Dense(units=n_hidden1, activation='relu',
input_shape=(n_input,)))
```

各个参数的含义如下所示。

- units：这是层中的神经元的个数，这里使用 32。

- activation：这是每个神经元中的激活函数，这里使用 ReLU。

- input_shape：这是网络接收的输入个数，其值等于数据集中预测特征的个数，网络接收的样本量无须指定，因为它可以处理任意多的样本。

这里的神经网络模型现在有一个隐藏层。这个问题相对简单，由于数据集相对较小，因此仅仅添加另两个隐藏层，这样隐藏层总共有 3 层。这个模型只有 3 层，很少有人会称它为深度学习模型，但不论隐藏层是 3 个还是 300 个，构建和训练的过程本质上都一样。这是本书构建的第一个神经网络模型，是一个好的开始。接下来添加另两个隐藏层：

```
n_hidden2 = 16
n_hidden3 = 8
# add second hidden layer
nn_reg.add(Dense(units=n_hidden2, activation='relu'))
# add third hidden layer
nn_reg.add(Dense(units=n_hidden3, activation='relu'))
```

注意，相继各层中的单元个数分别为 32、16 和 8。首先，这里使用了 2 的乘方。这是在该领域中一种常见的实践方式。其次，塑造的网络形状很像一个漏斗，从 32 个单元到 8 个单元。这个形状没有特别之处，但是从经验上来说，它的表现有时会很好。另一种常见的方法是在每一个隐藏层中使用相同数目的神经元。

为了完成神经网络模型的创建，我们还需要添加最终层——输出层。对每个样本而言，这是一个回归问题，需要的结果只有一个，即价格预测。因此需要添加一层，将前一层的 8 个输出与一个给出价格预测的输出连接起来。最后一层不需要激活函数，因为已经得到了最终的预测：

```
# output layer
nn_reg.add(Dense(units=1, activation=None))
```

完成了！模型架构已经定义完毕。就像之前构建的其他模型一样，神经网络也是一个函数，它取 21 个特征的值作为输入，将产生的一个数值作为输出——价格预测。

至此，神经网络模型已经构建完毕。事实上，如果向它提供数据，就会得到价格预测。下面的代码可用于得到训练集中前 5 颗钻石的价格预测：

```
nn_reg.predict(X_train.iloc[:5,:])
```

输出结果如图 6-4 所示。

这些是价格预测，不过预测效果非常不好。为什么呢？因为神经网络模型中的每个神经元都对权重进行了随机初始化，偏置都初始化为 1 了。Keras 默认使用一种称为 **Glorot uniform** initializer 的初始化处理方式，也称为 **Xavier uniform initializer**（Glorot & Bengio,2010），

```
array([[ 0.01396593],
       [-0.07197536],
       [-0.07281694],
       [ 0.10343548],
       [ 0.22442862]], dtype=float32)
```

图 6-4

这是神经网络的一种流行的初始化方式，但是与它们相关的讨论超过了本书范围。本书信任 Keras 的开发者，使用他们的默认方式。

接下来该修正这些随机的权重和偏置了，使用训练数据进行步步修正，并进入训练循环。

6.4.2　训练 MLP

接下来我们将使用数据训练神经网络模型，让模型学习如何将特征取值映射到价格预测。为了尽可能清楚地给出相关概念，这里先重复一些在概念部分已经说过的内容。

这个阶段需要进行以下 4 个决策。

- **批尺寸**：在训练循环的每个步骤可以看到的神经网络观测个数。这种决策实际上并不复杂，比如像此处的问题，可以试试 32、64 或 128 批尺寸。有许多证据表明，数字最好比较小，不要大于 512（Shirish et al.,2017）。

- **轮次**：为了调整权重，神经网络要看到的完整训练集的次数。这里需要更多的考虑，如果轮次太少，神经网络的学习效果可能不会太好，如果轮次太多，模型容易过拟合训练数据。这里试一下 50 个轮次。为什么呢？这只是笔者的初步猜测，因为这个问题相对简单。当然也可以尝试其他的取值，后面也会这样做。

- **损失函数**：如前文所述，损失函数会生成信号，并告诉神经网络预测有多好。在回归问题中，常用的损失函数是 MSE，在本书中曾在其他模型中使用过这种函

数，主要用来度量模型性能。当然，也可以使用其他的损失函数，但目前还是建议使用 MSE。

- **优化器**：通过这个组成部分，神经网络将使用损失函数产生的信号更新神经网络的权重和偏置。优化器有很多选择，而且这个领域也保持着发展。但是，所有优化器本质上都是梯度下降优化算法的变体，而且这些问题非常技术化，为此本书将使用 Adam 优化器。Adam 优化器已经表现出对各种问题的良好处理性能，因此目前非常流行。如果你对优化器更多的资源有兴趣，可参考"扩展阅读"中的文献。

一旦做好这样 4 个决策，我们就可以**编译**模型了，即告诉 Keras 希望使用的损失函数和优化器：

```
nn_reg.compile(loss='mean_squared_error', optimizer='adam')
```

如果想看模型中的架构和参数个数，可以使用 summary() 方法：

```
nn_reg.summary()
```

输出结果如图 6-5 所示。

```
Layer (type)                    Output Shape              Param #
=================================================================
dense_1 (Dense)                 (None, 32)                704
_____
dense_2 (Dense)                 (None, 16)                528
_____
dense_3 (Dense)                 (None, 8)                 136
_____
dense_4 (Dense)                 (None, 1)                 9
=================================================================
Total params: 1,377
Trainable params: 1,377
Non-trainable params: 0
```

图 6-5

模型中共有 1377 个权重和偏置。现在准备使用 fit() 方法来训练模型：

```
batch_size = 64
n_epochs = 50
nn_reg.fit(X_train, y_train, epochs=n_epochs, batch_size=batch_size)
```

在训练过程中，可以看到一些图 6-6 所示的内容：

```
Epoch 1/50
48537/48537 [==============================] - 1s 17us/step - loss: 14830316.2529
Epoch 2/50
48537/48537 [==============================] - 1s 11us/step - loss: 1737586.2522
Epoch 3/50
48537/48537 [==============================] - 1s 11us/step - loss: 1222372.8833
Epoch 4/50
48537/48537 [==============================] - 1s 12us/step - loss: 1033083.3758
Epoch 5/50
48537/48537 [==============================] - 1s 12us/step - loss: 917965.2226
Epoch 6/50
48537/48537 [==============================] - 1s 12us/step - loss: 829952.7295
Epoch 7/50
48537/48537 [==============================] - 1s 12us/step - loss: 762489.6997
Epoch 8/50
48537/48537 [==============================] - 1s 11us/step - loss: 714690.7879
Epoch 9/50
```

图 6-6

图 6-6 所示为每一轮后训练损失减少的程度。记住，这里讨论的训练循环以前在每个轮次中都进行过，在这个例子中是 50 次。这非常好！第一个神经网络模型已经训练完毕。

6.4.3　基于神经网络的预测

接下来我们评价这个模型的性能。这里使用 MSE 比较训练性能和测试性能。首先需要对测试集重复执行对训练集做过的变换：

```
## PCA for dimentionality reduction:
X_test['dim_index'] = pca.transform(X_test[['x','y','z']]).flatten()
X_test.drop(['x','y','z'], axis=1, inplace=True)
## Scale our numerical features so they have zero mean and a variance of
one
X_test.loc[:, numerical_features] =
scaler.transform(X_test[numerical_features])
```

现在，使用 predict() 方法进行预测并计算 MSE：

```
from sklearn.metrics import mean_squared_error
y_pred_train = nn_reg.predict(X_train)
y_pred_test = nn_reg.predict(X_test)
train_mse = mean_squared_error(y_true=y_train, y_pred=y_pred_train)
test_mse = mean_squared_error(y_true=y_test, y_pred=y_pred_test)
print("Train MSE: {:0.3f} \nTest MSE: {:0.3f}".format(train_mse/1e6,
test_mse/1e6))
```

得到下面的输出：

```
Train MSE: 0.320
Test MSE: 0.331
```

由于训练过程涉及随机性，相应得到的结果也会有所不同，但这些值不应相差太远。

这真是让人印象深刻！这里有第 5 章介绍过的模型结果，如图 6-7 所示。

	train	test
MLR	1.28101	1.20721
Lasso	1.52062	1.40893
kNN	0.670249	0.780698

图 6-7

使用相对小的神经网络模型，可以把最佳测试 MSE 减少一半以上！事实上，神经网络模型非常强大。尽管围绕神经网络模型有很多炒作，但这些模型确实有其独特之处。

6.5 基于神经网络的分类

现在我们用神经网络执行分类任务。可以看到，这里 MLP 唯一需要的改变是在输出层中执行分类：

```
import numpy as np
import pandas as pd
import matplotlib.pyplot as plt
import seaborn as sns
import os
%matplotlib inline
```

和以往一样，从零开始，导入并准备数据：

```
# Loading the dataset
DATA_DIR = '../data'
FILE_NAME = 'credit_card_default.csv'
data_path = os.path.join(DATA_DIR, FILE_NAME)
ccd = pd.read_csv(data_path, index_col="ID")
ccd.rename(columns=lambda x: x.lower(), inplace=True)
ccd.rename(columns={'default payment next month':'default'}, inplace=True)

# getting the groups of features
bill_amt_features = ['bill_amt'+ str(i) for i in range(1,7)]
pay_amt_features = ['pay_amt'+ str(i) for i in range(1,7)]
numerical_features = ['limit_bal','age'] + bill_amt_features +
pay_amt_features

# Creating creating binary features
ccd['male'] = (ccd['sex'] == 1).astype('int')
ccd['grad_school'] = (ccd['education'] == 1).astype('int')
ccd['university'] = (ccd['education'] == 2).astype('int')
#ccd['high_school'] = (ccd['education'] == 3).astype('int')
ccd['married'] = (ccd['marriage'] == 1).astype('int')
```

```
# simplifying pay features
pay_features= ['pay_' + str(i) for i in range(1,7)]
for x in pay_features:
    ccd.loc[ccd[x] <= 0, x] = 0

# simplifying delayed features
delayed_features = ['delayed_' + str(i) for i in range(1,7)]
for pay, delayed in zip(pay_features, delayed_features):
    ccd[delayed] = (ccd[pay] > 0).astype(int)
# creating a new feature: months delayed
ccd['months_delayed'] = ccd[delayed_features].sum(axis=1)
```

现在，对数据集进行分割和标准化：

```
numerical_features = numerical_features + ['months_delayed']
binary_features = ['male','married','grad_school','university']
X = ccd[numerical_features + binary_features]
y = ccd['default'].astype(int)

## Split
from sklearn.model_selection import train_test_split
X_train, X_test, y_train, y_test = train_test_split(X, y, test_size=5/30,
random_state=101)

## Standarize
from sklearn.preprocessing import StandardScaler
scaler = StandardScaler()
scaler.fit(X_train[numerical_features])
X_train.loc[:, numerical_features] =
scaler.transform(X_train[numerical_features])
```

6.5.1　构建预测信用卡违约的 MLP

现在我们创建空的神经网络模型：

```
from keras.models import Sequential
nn_classifier = Sequential()
```

这个网络已不再是漏斗状，因此这里尝试另一种方法，对每一层设置相同个数的神经元。这样就有了第一个隐藏层：

```
from keras.layers import Dense
n_input = X_train.shape[1]
n_units_hidden = 64
nn_classifier.add(Dense(units=n_units_hidden, activation='relu',
input_shape=(n_input,)))
```

这里添加 5 层中的另外 4 层：

```
# add 2nd hidden layer
nn_classifier.add(Dense(units=n_units_hidden, activation='relu'))
# add 3th hidden layer
nn_classifier.add(Dense(units=n_units_hidden, activation='relu'))
# add 4th hidden layer
nn_classifier.add(Dense(units=n_units_hidden, activation='relu'))
# add 5th hidden layer
nn_classifier.add(Dense(units=n_units_hidden, activation='relu'))
```

网络最后的部分是输出层。因为正在进行二元分类，所以希望输出层得到违约的概率。因为目标是概率，所以输出需要为 0 和 1 之间的数，因此这里使用单元（输出）。此处使用 Sigmoid 函数作为激活函数，上一节展示过它的图像，它可以取任意实数并将之映射到(0,1)区间中的一个值，这个值就可以解释成概率：

```
# output layer
nn_classifier.add(Dense(units=1, activation='sigmoid'))
```

接下来可以处理编译步骤：

```
nn_classifier.compile(loss='binary_crossentropy', optimizer='adam')
```

这里使用了一个新的损失函数——binary_crossentropy，它来自信息论中一般交叉熵概念的一个特例。当 y_true=1 时模型生成了接近 1 的取值，当 y_true=0 时模型生成了接近 0 的取值，这个损失函数的值会很小。这是二元分类问题中非常流行和标准的损失函数，下面的示例会使用它。

看看这个模型的汇总信息：

```
nn_classifier.summary()
```

输出结果如图 6-8 所示。

可以看到，与回归模型相比，这个模型需要训练的参数更多，多达 17985 个。实施训练步骤前，先保存神经网络的初始权重，稍后会给出原因：

```
nn_classifier.save_weights('class_initial_w.h5')
```

使用 150 个轮次和 64 的批尺寸进行尝试。现在我们可以马上进行模型的训练了：

```
batch_size = 64
n_epochs = 150
nn_classifier.fit(X_train, y_train, epochs=n_epochs, batch_size=batch_size)
```

```
Layer (type)                 Output Shape              Param #
=================================================================
dense_1 (Dense)              (None, 64)                1280
_____
dense_2 (Dense)              (None, 64)                4160
_____
dense_3 (Dense)              (None, 64)                4160
_____
dense_4 (Dense)              (None, 64)                4160
_____
dense_5 (Dense)              (None, 64)                4160
_____
dense_6 (Dense)              (None, 1)                 65
=================================================================
Total params: 17,985
Trainable params: 17,985
Non-trainable params: 0
```

图 6-8

6.5.2　评价预测

一旦神经网络模型训练完毕，我们就该衡量其预测的效果了。这里将对训练集和测试集同时估算概率，再用默认阈值 0.5 作为预测：

```
## Getting the probabilities
y_pred_train_prob = nn_classifier.predict(X_train)
y_pred_test_prob = nn_classifier.predict(X_test)

## Classifications from predictions
y_pred_train = (y_pred_train_prob > 0.5).astype(int)
y_pred_test = (y_pred_test_prob > 0.5).astype(int)
```

现在看一看两个集合的准确率得分：

```
from sklearn.metrics import accuracy_score
train_acc = accuracy_score(y_true=y_train, y_pred=y_pred_train)
test_acc = accuracy_score(y_true=y_test, y_pred=y_pred_test)
print("Train Accuracy: {:0.3f} \nTest Accuracy: {:0.3f}".format(train_acc,
test_acc))
```

结果如下：

```
Train Accuracy: 0.902
Test Accuracy: 0.728
```

结果并不像钻石价格问题中的那么好！复杂的模型不一定比简单的模型效果更好，也可能是因为神经网络模型并未得到正确的应用。

6.6　训练神经网络模型的"黑暗艺术"

从得到的结果可以看出明显的过拟合问题，训练准确率看起来很棒（超过 90%），但测试准确率甚至比随机猜测更低。对此，最有可能的两种原因如下。

- 模型的参数太多。

- 模型训练太久。

对于过拟合的问题，我们可以考虑尝试一些正则化技术进行处理。在神经网络情形下，较为简单的正则化技术是对模型采取较少的轮次进行训练。现在，将网络的初始权重和偏置设置回初始值：

```
nn_classifier.load_weights('class_initial_w.h5')
```

权重已经被重置，再次训练模型，这一次训练只有 50 个轮次：

```
batch_size = 64
n_epochs = 50
nn_classifier.compile(loss='binary_crossentropy', optimizer='adam')
nn_classifier.fit(X_train, y_train, epochs=n_epochs, batch_size=batch_size)
```

再次计算结果：

```
## Getting the probabilities
y_pred_train_prob = nn_classifier.predict(X_train)
y_pred_test_prob = nn_classifier.predict(X_test)

## Classifications from predictions
y_pred_train = (y_pred_train_prob > 0.5).astype(int)
y_pred_test = (y_pred_test_prob > 0.5).astype(int)

## Calculating accuracy
train_acc = accuracy_score(y_true=y_train, y_pred=y_pred_train)
test_acc = accuracy_score(y_true=y_test, y_pred=y_pred_test)
print("Train Accuracy: {:0.3f} \nTest Accuracy: {:0.3f}".format(train_acc,
test_acc))
```

结果如下：

```
Train Accuracy: 0.847
Test Accuracy: 0.629
```

从结果看这个问题还是存在的，尽管并不极端。

6.6.1　决策太多，时间太少

在预测分析中使用神经网络的主要缺点之一，是要做的决策太多，在解决问题时很难猜到好的配置。对于这个模型架构（隐藏层、输入层和输出层是由问题决定的），你需要做出与下列事项有关的决策。

- 层数。

- 每层的单元个数。

- 每层使用的激活函数。

- 权重的初始化方法。

编译步骤需要对下列事项做出决策。

- 损失函数。

- 优化器。

- 优化器的参数。

训练步骤需要对下列事项做出决策。

- 批尺寸。

- 轮次的个数。

最终，因为神经网络模型很可能有过拟合的问题，正则化几乎总是必要的步骤，所以这里还需要做出下面两个决策。

- 正则化的类型。

- 正则化的参数。

为了便于讨论和快速计算，我们假设每个决策有 3 种选项。组合后选项的总个数就是 3^{11}（177147）种可能的模型配置。假设只考虑这些组合的 10%，即使网络只花 1s 就能进行训练和评价（一个很不现实的假设），再逐个尝试配置，从而找到最佳配置，这相当不切实际。好消息是有很多实用技巧以及理论上的和经验上的成果，可以帮助缩小搜索空间，从而为网络配置选出好的取值。坏消息是，理解其中的一些结果以及掌握有效的使用方法需要高级技术知识，而且即使获得这些理解，神经网络模型的训练过程依然包括许多试错。

6.6.2 神经网络的正则化

在本节中，我们将讨论两种方法来避免 MLP 中的过拟合。第一种方法需要处理轮次。之前解释过，训练循环会在每一个轮次运行，循环的每一个步骤都更新了网络的权重并降低了损失，从而基于数据产生了更好的预测。但是，如果网络运行了太多轮次，预测也会拟合训练数据中的噪声。换句话说，轮次太多会引起过拟合。解决这一问题的方法之一是当损失（或一些其他的性能指标）不再改进时，停止神经网络模型的训练。这里必须小心，因为训练损失（几乎）总是在减少，所以从这个意义上说，它的改进不会停止。此外，我们还需要监测另一个量——**验证损失**。它的检测与训练的损失无关，只是用来进行**超参数调节**。我们将在第 7 章更多地讨论超参数调节。这里将使用验证集来检测独立于训练集的一系列损失。

1. 使用验证集

在早期停止实现前，我们来看看在 Keras 中监测验证集中的计算损失有多么容易。这里将为钻石价格数据集构建另一个神经网络模型：

```
nn_reg2 = Sequential()
n_hidden = 64
# hidden layers
nn_reg2.add(Dense(units=n_hidden, activation='relu',
input_shape=(n_input,)))
nn_reg2.add(Dense(units=n_hidden, activation='relu'))
nn_reg2.add(Dense(units=n_hidden, activation='relu'))
nn_reg2.add(Dense(units=n_hidden, activation='relu'))
nn_reg2.add(Dense(units=n_hidden, activation='relu'))
nn_reg2.add(Dense(units=n_hidden, activation='relu'))
# output layer
nn_reg2.add(Dense(units=1, activation=None))
nn_reg2.compile(loss='mean_squared_error', optimizer='adam',
metrics=['mse', 'mae'])
nn_reg2.summary()
```

输出结果如图 6-9 所示。

为了使用验证集，我们需要在拟合模型时使用 `validation_split` 参数，标示出用于验证的训练数据部分。如之前所解释的，模型会把这部分训练数据分离出来，不进行训练，而只在每一轮次的最后阶段基于这部分数据对损失和任意的模型指标进行评价。在 Keras 中筛选之前，验证数据是从给定的 x 和 y 数据的最新样本中选择的。现在我们把 10%的训练数据用于验证：

```
Layer (type)                 Output Shape              Param #
=================================================================
dense_30 (Dense)             (None, 64)                1408

dense_31 (Dense)             (None, 64)                4160

dense_32 (Dense)             (None, 64)                4160

dense_33 (Dense)             (None, 64)                4160

dense_34 (Dense)             (None, 64)                4160

dense_35 (Dense)             (None, 64)                4160

dense_36 (Dense)             (None, 1)                 65
=================================================================
Total params: 22,273
Trainable params: 22,273
Non-trainable params: 0
```

图 6-9

```
batch_size = 64
n_epochs = 300
history = nn_reg2.fit(x_train, y_train,
                      epochs=n_epochs,
                      batch_size=batch_size,
                      validation_split=0.1)
```

在训练过程开始时，Keras 展示出训练集和验证集的指标与损失，如图 6-10 所示。

```
Train on 43683 samples, validate on 4854 samples
Epoch 1/200
43683/43683 [==============================] - 1s 34us/step - loss: 4055990.1263 - mean_squared_error: 4055990.1263 - mean_abs
olute_error: 956.1925 - val_loss: 858424.0533 - val_mean_squared_error: 858424.0533 - val_mean_absolute_error: 466.2541
Epoch 2/200
43683/43683 [==============================] - 1s 20us/step - loss: 663071.1309 - mean_squared_error: 663071.1309 - mean_absol
ute_error: 424.6258 - val_loss: 597554.1679 - val_mean_squared_error: 597554.1679 - val_mean_absolute_error: 401.7508
Epoch 3/200
43683/43683 [==============================] - 1s 19us/step - loss: 520859.1741 - mean_squared_error: 520859.1741 - mean_absol
ute_error: 382.6596 - val_loss: 507527.5170 - val_mean_squared_error: 507527.5170 - val_mean_absolute_error: 377.5142
Epoch 4/200
43683/43683 [==============================] - 1s 20us/step - loss: 436868.4289 - mean_squared_error: 436868.4289 - mean_absol
ute_error: 362.6997 - val_loss: 426952.9810 - val_mean_squared_error: 426952.9810 - val_mean_absolute_error: 354.5501
Epoch 5/200
43683/43683 [==============================] - 1s 19us/step - loss: 389967.3728 - mean_squared_error: 389967.3728 - mean_absol
ute_error: 347.0831 - val_loss: 416801.4770 - val_mean_squared_error: 416801.4770 - val_mean_absolute_error: 358.8682
```

图 6-10

history 对象中有一个字典，也叫作 history，它记录了每个轮次过程中指标和损失的不同取值。这些值可以用来可视化每个轮次中的损失程度。为了使可视化过程更清楚，我们考虑取对数：

```
fig, ax = plt.subplots(figsize=(8,5))
ax.plot(np.log(history.history['loss']), label='Training Loss')
ax.plot(np.log(history.history['val_loss']), label='Validation Loss')
ax.set_title("log(Loss) vs. epochs", fontsize=15)
ax.set_xlabel("epoch number", fontsize=14)
```

```
ax.legend(fontsize=12)
ax.set_ylim(12,14)
ax.grid();
```

输出结果如图 6-11 所示。

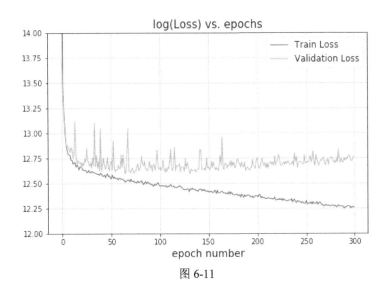

图 6-11

可以观察到训练神经网络模型的典型情况，为减少损失调整了权重。像之前提到的，每个轮次都会减少训练损失，这正是训练过程所完成的事情。然而，就像之前说过的，真正有影响的是泛化，用不可见的数据考察模型的预测效果。在这种情况下，不可见的数据占所用的验证数据的 10%。从开始的几个轮次中可以看到，交叉损失先减少然后增加。这是一个象征，说明神经网络模型已经停止学习特征和目标之间的关系，它只是在学习训练数据中的噪声。

也可以对在编译步骤设置的其他指标进行监测。这里使用另一种流行的回归模型评价指标——平均绝对误差（Mean Absolute Error，MAE）。和其他回归指标一样，平均绝对误差越小越好。我们将在第 7 章更多地讨论这个指标。现在我们来看训练和验证损失如何随轮次的增加发生变化：

```
fig, ax = plt.subplots(figsize=(8,5))
ax.plot(history.history['mean_absolute_error'], label='Train MAE')
ax.plot(history.history['val_mean_absolute_error'], label='Validation MAE')
ax.set_title("MAE vs. epochs", fontsize=15)
ax.set_xlabel("epoch number", fontsize=14)
ax.legend(fontsize=12)
```

```
ax.set_ylim(200,500)
ax.grid();
```

输出结果如图 6-12 所示。

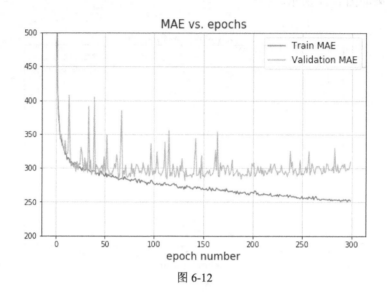

图 6-12

从图 6-11 和图 6-12 中看到的行为是一致的，训练指标在不断改进，验证指标则先下降再上升。这个神经网络模型训练了 300 个轮次，可能太多了。根据这两张图可知，训练应该很早就停止，应该只训练 40 到 70 个轮次。接下来我们考虑如何实现早期停止。

2．早期停止

为了在 Keras 中实现早期停止，我们使用一个称为回调（Callbacks）的对象类的实例。根据 Keras 官方文档，回调的定义如下：

"回调是运用于训练过程给定阶段的一组函数。回调可以用来得到对训练过程中内部状态和模型统计量的看法。回调的列表（作为关键字参数回调）可以传递给序列或模型类的 .fit() 方法。因此，回调的相关方法会在训练的每一个阶段中进行调用。"

下面我们使用一种回调方法——EarlyStopping。首先实例化这个对象，然后使用它控制训练，可以配置的参数如下。

- monitor：要监测的量。

- min_delta：设置性能改进程度的最小监测变化，即小于 min_delta 的绝对值变化就视为没有改进。

- `patience`：没有改进的轮次个数，此后训练会停止。

- `verbose`：冗长模式。

- `mode`：为 `auto`、`min`、`max` 中的某种模式。在 `min` 模式中，如果监测量停止下降，训练停止。在 `max` 模式中，如果监测量停止上升，训练停止。在 `auto` 模式中，方向是根据监测量的名称自动推断得到的。

- `baseline`：监测量要达到的基线值。如果模型没有显示出超过基线的改进，训练会停止。

- `restore_best_weights`：是否要存储最佳监测量取值的模型权重。如果答案是否，那么使用的是在训练的最后步骤中获得的模型权重。

下面我们通过示例展示如何使用早期停止：

```
from keras.callbacks import EarlyStopping
early_stoping =
EarlyStopping(monitor='val_mean_absolute_error',
                                    min_delta=5,
                                    patience=20,
                                    verbose=1,
                                    mode='auto')
```

这里以这样的方式配置了早期停止：在 20 个轮次之后，如果出现多于 5 个单元 MAE 都没有改进，训练就停止。

神经网络模型已经训练完毕，接下来我们再次构建（或者我们可能已经保存了初始权重），使用早期停止重新进行训练：

```
nn_reg2 = Sequential()
n_hidden = 64
# hidden layers
nn_reg2.add(Dense(units=n_hidden, activation='relu',
input_shape=(n_input,)))
nn_reg2.add(Dense(units=n_hidden, activation='relu'))
nn_reg2.add(Dense(units=n_hidden, activation='relu'))
nn_reg2.add(Dense(units=n_hidden, activation='relu'))
nn_reg2.add(Dense(units=n_hidden, activation='relu'))
nn_reg2.add(Dense(units=n_hidden, activation='relu'))
# output layer
nn_reg2.add(Dense(units=1, activation=None))
# compilation
```

```
nn_reg2.compile(loss='mean_squared_error', optimizer='adam',
metrics=['mse', 'mae'])
```

在拟合网络时，所有回调必须放置在传递它们的一个列表中。下面的代码将对神经网络模型进行拟合：

```
batch_size = 64
n_epochs = 300
history = nn_reg2.fit(X_train, y_train,
epochs=n_epochs,
batch_size=batch_size,
validation_split=0.1,
callbacks=[early_stoping])
```

在使用早期停止时，神经网络模型只经过 59 个轮次就停止，表示此后在追踪的验证指标中看不到多少改进。下面的代码再次绘制出 MAE：

```
fig, ax = plt.subplots(figsize=(8,5))
ax.plot(history.history['mean_absolute_error'], label='Train MAE')
ax.plot(history.history['val_mean_absolute_error'], label='Validation MAE')
ax.set_title("MAE vs. epochs", fontsize=15)
ax.set_xlabel("epoch number", fontsize=14)
ax.legend(fontsize=12)
ax.set_ylim(200,500)
ax.grid();
```

输出结果如图 6-13 所示。

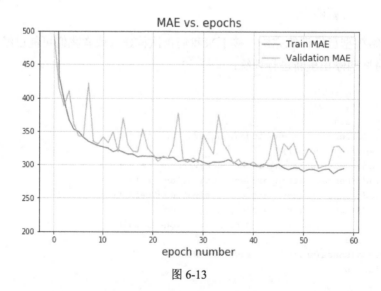

图 6-13

现在，神经网络模型不再有过拟合问题，MAE 的训练和验证相对比较接近。

3. dropout

可以注意到，神经网络有大量的可训练参数（权重和偏置）。即使用较小的 MLP，比如正在使用的这个神经网络，也可以看到可训练的参数有数百个甚至数千个。在正在使用的这个神经网络中，可训练的参数有 22000 多个。这是导致神经网络非常容易过拟合的原因之一，也是需要经常使用某种正则化技术的原因。

一种流行的神经网络正则化技术是 **dropout**。这是由 Hinton 等人所提出的一种直观的、简单的方法。Geoffrey E.Hinton 是神经网络理论和技术发展过程中的一位重要研究者。dropout 的思路很简单，在循环训练的每一个步骤中，网络的每个单元（包括输入单元，但不包括输出单元）都有某种固定的概率如 p（p=dropout 率），会在训练步骤中被忽略或丢弃，。对训练循环的每个步骤使用 0.5 的 dropout 率，就像对网络中的每个神经元投掷一枚硬币，然后基于投掷的结果决定这个神经元的权重是否进行更新。这种逻辑的技术基础和原理是这样的，单元在训练过程中不断地开闭，使得各个单元之间不能相互依赖，因此可降低它们之间的依赖性，进而使每个神经元都有益于生成好的预测。因此，dropout 不仅是非常有用的正则化技术，还常常能提升神经网络的性能。

在 Keras 中使用 dropout 非常容易，只需在将要 dropout 的层之后再添加一个 dropout 层。在这个示例中，构建用于回归问题的第三个神经网络模型。首先，导入 Dropout 类：

```
from keras.layers import Dropout
```

先来构建网络。注意到第一层是 Dropout，因为这里想对输入单元运用 dropout 策略。换句话说，随机选择了每个训练步骤会使用的特征，这里使用的 dropout 率是 0.3（或 30%）：

```
nn_reg_dropout = Sequential()
n_hidden = 64
dropout_rate = 0.3

## Dropout for input layer
nn_reg_dropout.add(Dropout(rate=dropout_rate, input_shape=(n_input,)))

## Now adding four hidden layers + dropout for each of them
nn_reg_dropout.add(Dense(units=n_hidden, activation='relu',
input_shape=(n_input,)))
nn_reg_dropout.add(Dropout(rate=dropout_rate))
```

```
nn_reg_dropout.add(Dense(units=n_hidden, activation='relu'))
nn_reg_dropout.add(Dropout(rate=dropout_rate))

nn_reg_dropout.add(Dense(units=n_hidden, activation='relu'))
nn_reg_dropout.add(Dropout(rate=dropout_rate))

nn_reg_dropout.add(Dense(units=n_hidden, activation='relu'))
nn_reg_dropout.add(Dropout(rate=dropout_rate))

nn_reg_dropout.add(Dense(units=n_hidden, activation='relu'))
nn_reg_dropout.add(Dropout(rate=dropout_rate))

nn_reg_dropout.add(Dense(units=n_hidden, activation='relu'))
nn_reg_dropout.add(Dropout(rate=dropout_rate))

nn_reg_dropout.add(Dense(units=1, activation=None))
```

看一下汇总：

```
nn_reg_dropout.summary()
```

输出结果如图 6-14 所示。

Layer (type)	Output Shape	Param #
dropout_7 (Dropout)	(None, 21)	0
dense_26 (Dense)	(None, 64)	1408
dropout_8 (Dropout)	(None, 64)	0
dense_27 (Dense)	(None, 64)	4160
dropout_9 (Dropout)	(None, 64)	0
dense_28 (Dense)	(None, 64)	4160
dropout_10 (Dropout)	(None, 64)	0
dense_29 (Dense)	(None, 64)	4160
dropout_11 (Dropout)	(None, 64)	0
dense_30 (Dense)	(None, 64)	4160
dropout_12 (Dropout)	(None, 64)	0
dense_31 (Dense)	(None, 64)	4160
dropout_13 (Dropout)	(None, 64)	0
dense_32 (Dense)	(None, 1)	65

```
Total params: 22,273
Trainable params: 22,273
Non-trainable params: 0
```

图 6-14

下面是编译步骤：

```
nn_reg_dropout.compile(loss='mean_squared_error', optimizer='adam',
metrics=['mse', 'mae'])
```

最终再次使用了早期停止，但更耐心了一些。由于使用了 dropout，训练神经网络模型需要的时间更长，因此为早期停止设置 patience=40：

```
batch_size = 64
n_epochs = 300
early_stoping = EarlyStopping(monitor='val_mean_absolute_error',
 min_delta=5,
 patience=40,
 verbose=1,
 mode='auto')
history = nn_reg_dropout.fit(X_train, y_train,
 epochs=n_epochs,
 batch_size=batch_size,
 validation_split=0.1,
 callbacks=[early_stoping])
```

神经网络模型训练了 60 个轮次。现在看看 MAE 的训练和验证：

```
fig, ax = plt.subplots(figsize=(8,5))
ax.plot(history.history['mean_absolute_error'], label='Train MAE')
ax.plot(history.history['val_mean_absolute_error'], label='Validation MAE')
ax.set_title("MAE vs. epochs using dropout", fontsize=15)
ax.set_xlabel("epoch number", fontsize=14)
ax.legend(fontsize=12)
ax.grid();
```

输出结果如图 6-15 所示。

在这个例子里，验证 MAE 比没有使用 dropout 的 MAE 要大得多，因此 dropout 看起来并没有帮神经网络模型提高验证准确率。这并不奇怪，dropout 往往对更大型的神经网络模型才会表现得更好，比如那些有几十层、有成千上万或数百万个参数的网络。尽管 dropout 对这里的神经网络模型不太有用（至少对我们的网络配置），但还是可以帮助你了解 dropout 正则化，以及如何应用这种正则化。

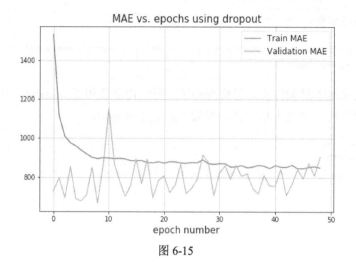

图 6-15

6.6.3　训练神经网络模型的实用技巧

在本节中，我们给出一些简单的实用技巧，这些技巧在使用和训练神经网络模型时可以发挥巨大的作用。当然，还有更多的最佳实践方式和结果可以考虑使用，但是相关内容超出了本书范围。

- 特征在传递给模型之前，要先进行标准化。MLP 对不同尺度的特征非常敏感，所以要一直保证标准化。

- 从小的神经网络开始，只使用一些没有太多单元的层，如果性能不够好，再增加神经网络的规模。

- 一般来说，更深的神经网络比每层有许多单元的浅神经网络表现更好。

- 不要尝试使用有相关性的特征，它们会影响神经网络性能。

- 使用验证分割来检测训练中的过拟合。

- dropout 率可以尝试 0.1 和 0.5 之间的值。

- 使用 Adam 优化器或 Keras 中带默认参数的 RMSprop。为优化器选择正确的参数是一件有挑战性的工作。要了解更多内容，请参考"扩展阅读"中的文章或图书。

- 一次只做一件事。在试错过程中，每次只做一件事，无论是正在调整层数、每层的单元数、dropout 率还是神经网络的其他方面，每次都只做一件事情。如果一次所做的事情多于一件，就很难知道是什么因素引起了神经网络性能的改变。

- 神经网络对大型数据集表现较佳。决定神经网络的受欢迎程度和有效性的重要因素是研究者和公司用于训练的数据集规模，对于复杂的任务来说尤其如此。如果数据集比较大，那么神经网络能发挥的作用非常强大。如果数据集相对比较小（如本书用到的数据集），MLP 就不一定会有用。

- 要耐心。这些模型处理起来比较复杂。

最后，考虑 MLP 才是真正的黑箱。数据传递给神经网络，（希望）好的预测从神经网络的另一端输出。但是，并没有容易的方法可以了解哪些特征对预测更重要，或神经网络如何使用不同特征。

6.7　小结

在本章中，我们引入了基本的神经网络模型类型——MLP，并介绍了与这一强大模型有关的许多概念，如深度学习、神经网络模型以及神经元的激活函数。我们介绍了 TensorFlow，它是训练深度学习模型的一个框架，把它作为后台，可以对训练模型运行所需要的计算；接着也讲到了 Keras，并在其中构建了第一个神经网络，并对它进行了编译（介绍了损失和优化器），最终还训练了模型；最后介绍了 dropout，这是一种神经网络中常用的正则化技术，尽管它对大型神经网络表现更佳。总之，训练神经网络模型很难，涉及的决策太多。如果希望应用这些模型进行有效预测分析，还需要大量的实践和知识。

我们将在第 7 章介绍对回归模型的评价，以及对分类模型和模型评价的评价。

扩展阅读

- Bengio Y, 2012. *Practical recommendations for gradient-based training of deep architectures*.Neural networks:Tricks of the trade: 437-478.

- Chollet F, 2017. *Deep learning with Python*. Manning Publications.

- Glorot X, Bengio Y, 2010. *Understanding the difficulty of training deep feedforward neural networks*. Proceedings of the 13th international conference on artificial intelligence and statistics: 249-256.

- Keskar N S, et al., 2016. *On large-batch training for deep learning:Generalization gap and sharp minima*. arXiv preprint arXiv:1609.04836.

第 7 章　模型评价

本章主要内容

- 学习回归模型和分类模型的不同指标。

- 学习与业务问题有关的自定义指标。

- 学习用于模型评价的不同图形。

- 理解如何用不同的阈值生成不同的分类器。

- 理解精确率与召回率之间的关系。

- 理解 k 折交叉验证的过程。

- 学习如何使用 k 折交叉验证评价模型指标，以及该方法好在哪里。

到目前为止，我们介绍了许多关于预测分析和分类模型的知识，其中的分类模型是回归模型的基础。这些知识涵盖了像多元线性回归模型这样的简单模型，以及像多层感知器这样的复杂模型。本书讲过如何训练模型进行预测，也讲过测试集划分对于评价的影响很大，因为模型的评价要在之前不可见的数据上执行，即希望模型可以学习能够**泛化**到不可见数据上的一些规律。

目前，模型度量的一般性评价指标有用于回归问题的**均方误差**（Mean Square Error，MSE），以及用于分类问题的准确率。但是，对于每一个预测分析项目，我们都需要仔细考虑评价模型的指标和一般性的评价策略，以及如何把策略和业务问题联系起来。

本章主要包括 3 个部分。首先讨论对回归模型的评价，这部分讨论一些评价回归模型的较为重要和流行的指标，同时也会给出一些很有用的可视化技术；然后回到信用卡违约问题，讨论对分类模型的评价。这部分也会涉及数值指标和可视化技术；最后以 k 折交叉验证结束本章，它对于模型评价以及超参数调节至关重要。超参数调节是第 8 章的主题。

7.1 技术要求

- Python 3.6 或更高版本。

- Jupyter Notebook。

- 最新版本的 Python 库：NumPy、pandas、Matplotlib、Seaborn 和 scikit-learn。

7.2 回归模型的评价

评价模型有数值指标，可视化技术也可以作为辅助方法。本节将回到钻石价格问题，随后讨论评价回归模型常见的指标和图形。此外，在具体的业务问题背景下，还要定义自己的评价指标。

这里首先进行澄清，在本节中，真实值和预测值（actual_price 和 predicted_price）之间的差异交替地使用术语"误差"和"残差"表示。从技术上说，术语"误差"指总体概念，并用理论总体值来体现。所以，尽管从技术上说，不该用误差来表示残差，但为了清楚起见，本节还是这样使用（愿"统计之神"原谅我）。

和第 6 章一样，从载入数据开始，进行所有必要的准备。具体过程如下。

- 载入所需的库：

```
import numpy as np
import pandas as pd
import matplotlib.pyplot as plt
import seaborn as sns
import os

%matplotlib inline
```

- 载入数据集：

```
DATA_DIR = '../data'
FILE_NAME = 'diamonds.csv'
data_path = os.path.join(DATA_DIR, FILE_NAME)
diamonds = pd.read_csv(data_path)
```

- 执行之前各章做过的所有准备步骤：

```
## Preparation done from Chapter 2
diamonds = diamonds.loc[(diamonds['x']>0) | (diamonds['y']>0)]
diamonds.loc[11182, 'x'] = diamonds['x'].median()
diamonds.loc[11182, 'z'] = diamonds['z'].median()
diamonds = diamonds.loc[~((diamonds['y'] > 30) | (diamonds['z']> 30))]
diamonds = pd.concat([diamonds, pd.get_dummies(diamonds['cut'],
prefix='cut', drop_first=True)], axis=1)
diamonds = pd.concat([diamonds,
pd.get_dummies(diamonds['color'], prefix='color',
drop_first=True)], axis=1)
diamonds = pd.concat([diamonds,
pd.get_dummies(diamonds['clarity'], prefix='clarity',
drop_first=True)], axis=1)

## Dimensionality reduction
from sklearn.decomposition import PCA
pca = PCA(n_components=1, random_state=123)
diamonds['dim_index'] =
pca.fit_transform(diamonds[['x','y','z']])
diamonds.drop(['x','y','z'], axis=1, inplace=True)
```

至此，数据集已为建模过程做好了准备。

7.2.1　评价回归模型的指标

在本节中，我们会用到一个简单的线性回归模型。它对这个问题来说并不是最好的模型，但可以展示某些观点。

- 将数据集分割为训练集和测试集：

```
X = diamonds.drop(['cut','color','clarity','price'], axis=1)
y = diamonds['price']

from sklearn.model_selection import train_test_split
X_train, X_test, y_train, y_test = train_test_split(X, y,
test_size=0.1, random_state=1)
```

- 对数据集的数值特征进行标准化：

```
numerical_features = ['carat', 'depth', 'table', 'dim_index']
from sklearn.preprocessing import StandardScaler
scaler = StandardScaler()
scaler.fit(X_train[numerical_features])
X_train.loc[:, numerical_features] =
scaler.fit_transform(X_train[numerical_features])
```

```
X_test.loc[:, numerical_features] =
scaler.transform(X_test[numerical_features])
```

- 构建模型并得到预测：

```
from sklearn.linear_model import LinearRegression
ml_reg = LinearRegression()
ml_reg.fit(X_train, y_train)
y_pred = ml_reg.predict(X_test)
```

有了预测，我们就可以计算测试集的评价指标。

评价回归模型相对简单，因为几乎所有指标的思想都是相同的。如果预测接近真实值，那么模型就是好的；如果预测远离真实值，模型就是坏的。从技术上说，真实值和预测值之间的差异称为残差，所以大多数指标只是在度量残差的大小（按绝对值计算）。

1. MSE 和 RMSE

这里使用的指标是以前用过的 MSE，定义如下：

$$\text{MSE} = \frac{1}{N} \sum_{i=1}^{N} (y_i - y\_\text{pred}_i)^2$$

N 是测试集中的样本个数。因为取了平方，所以假如说低估 10 美元，就等价于高估 10 美元。而取平方的另一个结果是，大的离差对 MSE 有很大的负面影响，10 美元的离差平方会成为 100，50 美元的离差平方会成为 2500，平方对指标的 MSE 有显著影响。

另外，MSE 指标是平方量的平均值，因此它也是个平方量。在这个例子里，目标值是以美元度量的价格，所以预测价格和实际价格之间的差异也以美元度量，但对这些差值的平方取均值后，得到的是美元的平方，因此 MSE 的单位是美元的平方。为了更好地解释这个数值，通常再取平方根，从而返回原始单位（这里是美元）。最后得到的指标称为均方根误差（Root Mean Square Error，RMSE）：

$$\text{RMSE} = \sqrt{\text{MSE}}$$

对模型计算 RMSE 时，注意，先计算 MSE，再取平方根：

```
from sklearn.metrics import mean_squared_error
rmse = mean_squared_error(y_true=y_test, y_pred=y_pred)**0.5
print("RMSE: {:,.2f}".format(rmse))
```

结果如下：

```
RMSE: 1,085.01
```

RMSE 指标度量了模型的预测值与真实值在平均意义上的差距。某些人试图这样解释，模型平均造成了 1085.01 美元的误差。有效的解释不一定精确，如果想要的是模型计算实际造成的绝对误差的平均值，那么使用 MAE 会更好一些。

最后，要牢记对于 MSE 等指标来说，值越小，模型就越好，完美模型对应的最好值是 0。

2. MAE

MAE 指标更容易解释，因为它不是模型造成的平均误差的近似。根据定义，它是预测值与实际值离差之间绝对值的平均值：

$$\text{MAE} = \frac{1}{N} \sum_{i=1}^{N} | y_i - y\_\text{pred}_i |$$

MAE 指标（以及 MSE）取了绝对值，因此本质上对实际值的低估与高估给予了相同的重要性。

这里，对模型进行计算：

```
from sklearn.metrics import mean_absolute_error
mae = mean_absolute_error(y_true=y_test, y_pred=y_pred)
print("MAE: {:,.2f}".format(mae))
```

结果如下：

```
MAE: 733.67
```

现在，可以说模型造成的误差平均是 733.7 美元。

与 MSE 和 RMSE 一样，这个指标也是越小的值代表模型越好，完美模型对应的最好值是 0。

3. R^2

进行预测时，预测的目标往往是可以变化的量。比如，如果所有钻石的价格都相同，那么就没必要开发任何预测模型了。在现实中，钻石价格不是恒定的，可以观测到价格的变化。从某种观点来看，建模就是考虑反映钻石价格的不同因素（特征），并通过模型解释价格的变化的过程。

R^2 或**置信系数**是一个指标，它通常解释为目标中可以预测的变化比例，或根据模型可以解释的变化比例。它是一个数字，取值范围通常从 1（解释目标中 100% 变化的模型）到 0（只预测到平均值的模型）。甚至它还可以更糟，不过一个负的 R^2 会表示模型太差，以至于还不如用平均值进行预测。

因此，一个 0.6 的确定系数可以这样解释，即模型解释了目标中 60% 的变化，其余 40% 的变化是源于其他因素，当然因素也具有随机性。这个指标通过对实际值与预测值之间的皮尔逊相关系数进行平方可以得到。牢记这个指标度量了观测值和预测值一起变化时的接近程度。下面对这里的模型进行 R^2 计算：

```
from sklearn.metrics import r2_score
r2 = r2_score(y_true=y_test, y_pred=y_pred)
print("R-squared: {:,.2f}".format(r2))
```

结果如下：

```
R-squared: 0.92
```

所以，模型解释或捕捉了钻石价格中 92% 的观测变化。这样看来，该模型相当好。

4．自定义指标

在向需求方提交模型结果时，要尽可能从他们的角度出发，讲清楚这个模型的价值。很少会有商业人士理解或关心类似于 RMSE 这样的指标，因此常常需要基于问题来定义自己的指标。

例如，智能钻石代销商的管理人员说，尽管价格预测越准确越好，但由于他们的业务模式以及钻石市场的工作方式等特点，他们真正关心的是预测误差（预测值和市场价格之间的差值）是不是小于实际价格的 15%。只要误差的绝对值不高于真实价格的 15%，公司就能盈利。

结合这个信息可以创建一个自定义的指标，用来评价模型的价值。这个指标可以定义为在可接受的误差内的预测百分比。

计算该指标前，先创建一个 pandas DataFrame，它在本节和下一节都很有用：

```
eval_df = pd.DataFrame({"y_true": y_test, "y_pred": y_pred, "residuals":
y_test - y_pred})
```

这个 DataFrame 中有（测试集的）实际价格、预测价格以及残差。接下来通过一个示例来深入讲解一下前面的内容。假定某颗钻石的实际价格是 2000 美元，预测价格是 2250 美元，那么残差是 2000 − 2250 ＝ −250，用绝对值表示是 250。残差是实际价格的

12.5%（250/2000）。注意，这个预测价格对公司来说是好的，因为它在 15% 的容忍度之内。

理解计算问题之后，现在为 DataFrame 添加一个新列，相对于实际价格的残差绝对值的百分比：

```
eval_df["prop_error"] = eval_df["residuals"].abs()/eval_df["y_true"]
```

现在，可以轻松地计算在 15% 之内的预测百分比：

```
costum_metric = 100*(eval_df["prop_error"] < 0.15).mean()
print("Custom metric: {:,.2f}%".format(costum_metric))
```

得到的结果为：

```
Custom metric: 39.22%
```

因此，大约 39.2% 的预测的误差小于实际价格的 15%。

7.2.2　评价回归模型的可视化方法

用可视化对指标的数值分析进行辅助展示非常有用，这有助于理解预测以及模型的错误。首先看看残差的分布：

```
eval_df["residuals"].hist(bins=25, ec='k');
```

输出结果如图 7-1 所示。

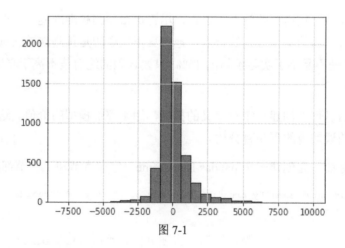

图 7-1

可以看到，大多数残差在 2000 美元以内，而且或多或少呈现出有规律的分布，在 –1000 和 0 之间占有很高的比例。现在计算一下有多少个残差是负的（这表示模型高估了价格）：

```
(eval_df["residuals"] <=0).mean()
```

结果得到 59% 的残差是负的，所以模型系统化地高估了价格。

为了深入研究，接下来我们通过散点图对测试集中实际值对应预测值进行可视化：

```
fig, ax = plt.subplots(figsize=(8,5))
ax.scatter(eval_df["y_true"], eval_df["y_pred"], s=3)
ax.plot(eval_df["y_true"], eval_df["y_true"], color='red')
ax.set_title('Predictions vs. observed values')
ax.set_xlabel('Observed prices')
ax.set_ylabel('Predicted prices')
ax.grid();
```

输出结果如图 7-2 所示。

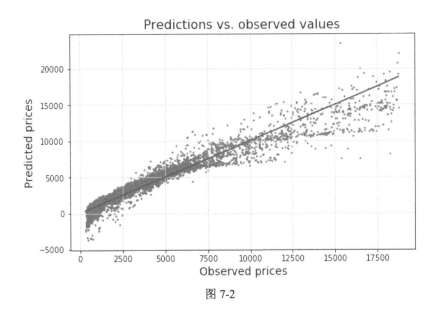

图 7-2

在完美的模型中，所有点都应该位于图 7-2 的直线上。可以注意到，预测价格一般来说服从实际价格。这个结论是好的。但是，如果仔细观察图形的左下角，就会发现一些奇怪的事情。这个模型产生了错误，它预测的价格是负的。这个错误非常愚蠢并且毫无意义，让人尴尬！想象一下，如果将这个模型递交给客户或老板，会怎么样？还好及时意识到了这一点（这就是模型评价的重要性！）。下面是一些负的预测：

```
eval_df["y_pred"].loc[eval_df["y_pred"]<0][:5]
```

输出结果如图 7-3 所示。

还可以看到，如果观测价格分布在从 1000 美元到 7500 美元的范围内，模型通常会高估价格，大多数的点高于红线。

```
39299    -312.643120
29808    -140.454585
31615    -283.365154
2714     -523.867542
5045     -569.694449
Name: y_pred, dtype: float64
```

图 7-3

对残差与预测的值进行可视化：

```
fig, ax = plt.subplots(figsize=(8,5))
ax.scatter(eval_df["y_pred"], eval_df["residuals"], s=3)
ax.set_title('Predictions vs. residuals', fontsize=16)
ax.set_xlabel('Predictions', fontsize=14)
ax.set_ylabel('Residuals', fontsize=14)
ax.axhline(color='k'); ax.axvline(color='k');
ax.grid();
```

输入结果如图 7-4 所示。

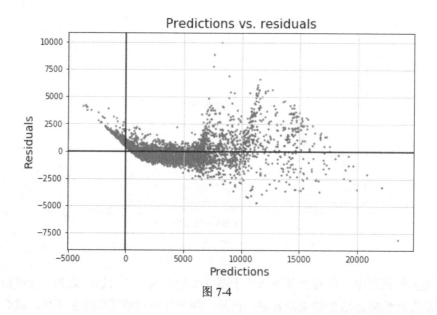

图 7-4

由图 7-4 可知，模型高估了价格（负残差），而且预测的值和残差之间存在某种非线性的关系。理想情况下，从这张图上不应该看到任何非线性关系，因为非线性关系的存在表示预测没有用到特征中的所有信息，这说明模型还存在改进的空间。

7.3　评价分类模型

截至目前，我们已经使用了准确率作为评价分类模型的默认指标。它是非常直观的指标，是分类器中正确预测的样例的比例。因此，准确率为 75% 则意味着，在平均意义上应该预期分类器一次可以做出 75% 的准确预测。这个指标有时会有用，但也有局限性。评价分类器很困难，即使是像之前处理信用卡违约问题的二元分类器。本节会探究如何评价二元分类模型，并再次使用信用卡违约数据集，所以需要再次载入并准备所需的一切。和以前一样，从导入库开始：

```
import numpy as np
import pandas as pd
import matplotlib.pyplot as plt
import seaborn as sns
import os

%matplotlib inline
```

现在，载入并准备数据：

```
# Loading the dataset
DATA_DIR = '../data'
FILE_NAME = 'credit_card_default.csv'
data_path = os.path.join(DATA_DIR, FILE_NAME)
ccd = pd.read_csv(data_path, index_col="ID")
ccd.rename(columns=lambda x: x.lower(), inplace=True)
ccd.rename(columns={'default payment next month':'default'}, inplace=True)

# getting the groups of features
bill_amt_features = ['bill_amt'+ str(i) for i in range(1,7)]
pay_amt_features = ['pay_amt'+ str(i) for i in range(1,7)]
numerical_features = ['limit_bal','age'] + bill_amt_features +
pay_amt_features

# Creating creating binary features
ccd['male'] = (ccd['sex'] == 1).astype('int')
ccd['grad_school'] = (ccd['education'] == 1).astype('int')
ccd['university'] = (ccd['education'] == 2).astype('int')
ccd['married'] = (ccd['marriage'] == 1).astype('int')

# simplifying pay features
pay_features= ['pay_' + str(i) for i in range(1,7)]
for x in pay_features:
    ccd.loc[ccd[x] <= 0, x] = 0
```

```
# simplifying delayed features
delayed_features = ['delayed_' + str(i) for i in range(1,7)]
for pay, delayed in zip(pay_features, delayed_features):
    ccd[delayed] = (ccd[pay] > 0).astype(int)
# creating a new feature: months delayed
ccd['months_delayed'] = ccd[delayed_features].sum(axis=1)
```

最后，分割并标准化数值特征：

```
numerical_features = numerical_features + ['months_delayed']
binary_features = ['male','married','grad_school','university']
X = ccd[numerical_features + binary_features]
y = ccd['default'].astype(int)

## Split
from sklearn.model_selection import train_test_split
X_train, X_test, y_train, y_test = train_test_split(X, y, test_size=5/30,
random_state=2)

## Standardize
from sklearn.preprocessing import StandardScaler
scaler = StandardScaler()
scaler.fit(X_train[numerical_features])
X_train.loc[:, numerical_features] =
scaler.transform(X_train[numerical_features])
# Standardize also the testing set
X_test.loc[:, numerical_features] =
scaler.transform(X_test[numerical_features])
```

至此，各种准备已经完成，我们可以进行建模以及探索模型的不同评价方式了。

7.3.1 混淆矩阵及相关指标

首先需要一个模型用于评价。迅速构建一个随机森林模型并进行评价：

```
from sklearn.ensemble import RandomForestClassifier
rf = RandomForestClassifier(n_estimators=25,
                            max_features=6,
                            max_depth=4,
                            random_state=61)
rf.fit(X_train, y_train)
```

混淆矩阵就是一个表格，包含在二元分类问题中遇到的 4 种情况。在信用卡违约模型中，将违约定义为正类。根据这种思路，可以得到二元分类问题的 4 种情形。

首先，如果模型做出正确预测，那么可能面临的情形有以下两种。

- **真正例（True Positives，TP）**：模型预测正类，观测实际上也属于正类。在该问题中，模型预测违约，而且客户实际上也对还款违约了。

- **真负例（True Negatives，TN）**：模型预测负类，观测实际上也属于负类。在该问题中，模型预测客户将会还款（不违约），客户实际上也还款了。

此外，如果模型预测错误，那么可能的情形也有以下两种。

- **假正例（False Positives，FP）**：模型预测正类，观测实际上属于负类。在该问题中，模型预测违约，客户实际上却还款了。

- **假负例（False Negatives，FN）**：模型预测负类，观测实际上属于正类。在该问题中，模型预测客户会还款（不违约），客户实际上却违约了。

混淆矩阵没有标准的表达格式，人们采用的方法各有不同。笔者喜欢用表 7-1 所示的格式。

表 7-1　笔者喜欢用的格式

		预测	
		负类	正类
观测结果	负类	TN	FP
	正类	FN	TP

现在术语已经阐明，接下来我们可以计算混淆矩阵。但为了更好地理解，我们先编写一个简单的函数，提高它的可读性：

```
from sklearn.metrics import confusion_matrix
def CM(y_true, y_pred):
    M = confusion_matrix(y_true, y_pred)
    out = pd.DataFrame(M, index=["Obs Paid", "Obs Default"], columns=["Pred Paid", "Pred Default"])
    return out
```

现在，记住随机森林模型估计了观测属于正类的概率（从现在起，这种估计称为预测概率，或称为概率），那么还需要一个**阈值**来决定哪些观测分为正类（违约），哪些观测分为负类（不违约）。违约阈值是 0.5，使用这个阈值，可以得到预测：

```
threshold = 0.5
y_pred_prob = rf.predict_proba(X_test)[:,1]
y_pred = (y_pred_prob > threshold).astype(int)
```

现在来看看这个模型的混淆矩阵：

```
CM(y_test, y_pred)
```

所得到的混淆矩阵如图 7-5 所示。

	Pred Paid	Pred Default
Obs Paid	3746	133
Obs Default	852	269

图 7-5

对于测试集的 5000 个观测，可以看到 3746 个观测是真负例，269 个观测是真正例，模型的这些预测结果是正确的。另外，还有 133 个假正例和 852 个假负例。

我们可以再计算一些指标，以提升这些数值的意义。下面这些指标是基于混淆矩阵计算得出的，是较重要的指标。

- **准确率（Accuracy）**：分类器正确识别出的样例的比例（N 代表测试集中观测的总个数）。

$$准确率 = \frac{TP + TN}{N}$$

- **精确率（Precision）**：正确的正类预测的比例。在该问题中，这是模型正确预测出违约的样例的比例。

$$精确率 = \frac{TP}{TP + FP}$$

- **召回率（Recall）、敏感度（Sensitivity）或真正率（True Positive Rate）**：观测为正类同时被正确地预测为正类的比例。在该问题中，这是模型正确识别出的实际违约的比例。

$$召回率 = \frac{TP}{TP + FN}$$

- **假正率（False Positive Rate）、误报率（False Alarm Rate）**：观测为负类同时被错误地预测为正类的比例。在该问题中，这是那些会还款但被模型错误地归为会违约（误报）的人的比例。

$$假正率 = \frac{TP}{TP + TN}$$

基于混淆矩阵还可以计算出其他一些指标。但是，对于几乎所有二元分类问题，这 4 个指标都会帮助理解模型所犯的错误属于哪种类型。

现在，对模型计算精确率和召回率：

```
from sklearn.metrics import precision_score, recall_score

precision = precision_score(y_test, y_pred)
recall = recall_score(y_test, y_pred)
print("Precision: {:0.1f}%, Recall: {:.1f}%".format(100*precision,
100*recall))
```

结果如下：

```
Precision: 66.9%, Recall: 24.0%, Accuracy: 80.3%
```

如果模型做出正类预测（违约），它几乎有 70%（精确率）的可能是正确的，这个结果还不坏。但是，模型仅能识别出 24% 的实际违约。这两个指标展示了模型在各种情况下的结果的意义。

7.3.2 评价分类模型的可视化方法

和回归问题一样，可视化是用于辅助数值分析的好方法，可以帮助理解模型生成预测的原理。可以对概率以及基于混淆矩阵的不同指标之间的关系进行可视化。

1. 概率可视化

看看预测概率的分布（见图 7-6）总是有益的。

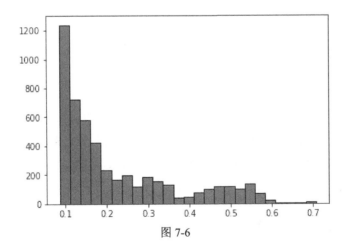

图 7-6

可以看到，许多样例的概率接近 0，表示模型确信这些观测并不违约，但看不到非常接近 1 的概率。这表示如果将一位客户分类为违约，模型其实不太确定。

还有一幅图也相当有用，它是根据正类和负类划分的概率分布绘制的：

```
fig, ax = plt.subplots(figsize=(8,5))
sns.kdeplot(y_pred_prob[y_test==1], shade=True, color='red',
label="Defaults", ax=ax)
sns.kdeplot(y_pred_prob[y_test==0], shade=True, color='green',
label="Paid", ax=ax)
ax.set_title("Distribution of predicted probabilities", fontsize=16)
ax.legend()
plt.grid();
```

输出结果如图 7-7 所示。

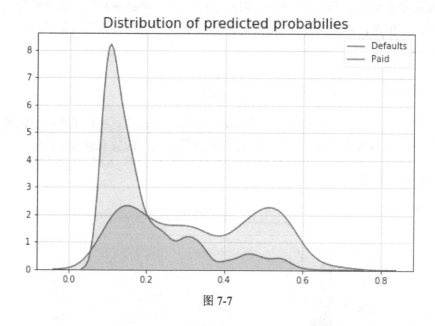

图 7-7

可以看到，如果模型预测的概率较低，那么这位客户更可能不违约（还款）；如果模型预测的概率超过 0.5，该客户很可能会违约。但是，两个分布有很大的重叠，这里就是错误的来源。理想的情形当然是这两个分布的重叠区域尽可能小。

2．接受者操作特性曲线和精确率-召回率曲线

前文讲过，如果要根据模型得到的预测概率来计算最终的预测，那么需要一个分类阈值。因此，阈值改变，分类器、混淆矩阵和分类指标都会随之改变。接下来我们看一看如果阈值取 0.4，结果会怎样：

```
threshold = 0.4
y_pred_prob = rf.predict_proba(X_test)[:,1]
```

```
y_pred = (y_pred_prob > threshold).astype(int)
precision = precision_score(y_test, y_pred)
recall = recall_score(y_test, y_pred)
print("Precision: {:0.1f}%, Recall: {:.1f}%".format(100*precision,
100*recall))
CM(y_test, y_pred)
```

输出结果如图 7-8 所示。

为了使比较过程更直观，图 7-9 所示为之前的混淆矩阵（见图 7-5）。

	Pred Paid	Pred Default
Obs Paid	3556	323
Obs Default	654	467

图 7-8

	Pred Paid	Pred Default
Obs Paid	3746	133
Obs Default	852	269

图 7-9

使用了更小的阈值（0.4 代替 0.5），结果中会有更多的真正例（467 对 269）。这是好事情，但假正例（323 对 133）也变得更多。虽然找到了更多的真正例，但代价是出现了更多的假正例。其原因是降低分类阈值后，也就降低了将客户分类成违约者的标准。换句话说，结果将更多的客户归入违约者。而其中有一些客户实际上违约了，一些客户实际上却还款了，所以结果观察到真正例和假正例同时上升。

当然，分类指标也会随着新的混淆矩阵一起改变：

```
precision = precision_score(y_test, y_pred)
recall = recall_score(y_test, y_pred)
accuracy = accuracy_score(y_test, y_pred)
print("Precision: {:0.1f}%, Recall: {:.1f}%, Accuracy:
{:0.1f}%".format(100*precision, 100*recall, 100*accuracy))
```

得到的结果如下：

```
Precision: 59.1%, Recall: 41.7%, Accuracy: 80.5%
```

这个模型的准确率基本没有变化。但可以看到，召回率（41.7 对 24.0）变得更高，但精确率有一定降低（59.1 对 66.9）。

总之，给定了预测概率，阈值的选择决定着预测。这些预测与观测值会一起决定混淆矩阵以及从混淆矩阵导出的性能指标。因此，阈值与类似精确率和召回率这样的指标之间存在一种依赖性。事实上可以使用 precision_recall_curve() 函数展示这种关系：

```
from sklearn.metrics import precision_recall_curve
precs, recs, ths = precision_recall_curve(y_test, y_pred_prob)
```

接下来对阈值进行可视化：

```
fig, ax = plt.subplots(figsize=(8,5))
ax.plot(ths, recs[1:], label='Precision')
ax.plot(ths, precs[1:], label='Recall')
ax.set_title('Precision and recall for different thresholds', fontsize=16)
ax.set_xlabel('Theshold', fontsize=14)
ax.set_ylabel('Precision, Recall', fontsize=14)
ax.set_xlim(0.1,0.7)
ax.legend(); ax.grid();
```

输出结果如图 7-10 所示。

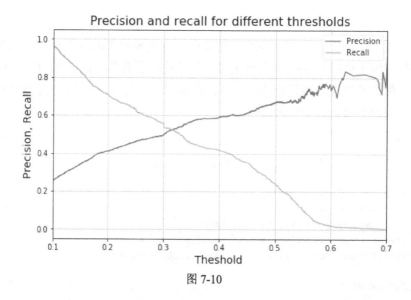

图 7-10

可以看到，在精确率和召回率之间存在着反向关系。阈值越高意味着精确率会更高，但召回率却会更低。通过画出精确率-召回率曲线，这一点可以直接观察到：

```
fig, ax = plt.subplots(figsize=(8,5))
ax.plot(precs, recs)
ax.set_title('Precision-recall curve', fontsize=16)
ax.set_xlabel('Precision', fontsize=14)
ax.set_ylabel('Recall', fontsize=14)
ax.set_xlim(0.3,0.7)
ax.grid();
```

输出结果如图 7-11 所示。

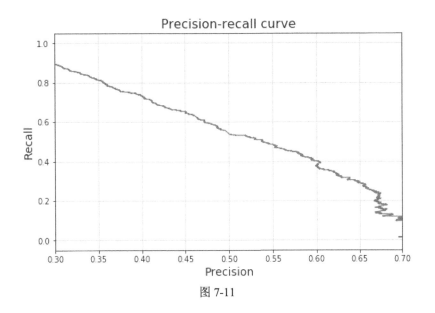

图 7-11

图 7-11 中的关系可以通过以下两种等价的方式进行解释。

- 如果希望正类预测更可靠（精确率更高），那么可以使用更高的分类阈值。这表示在把观测指派到正类的时候，该分类器的选择性会更大，分类为负类的样本个数会增加，而假负例的个数也会增加，最终召回率恶化。

- 如果希望更多的真正例能够被检测出，那么可以使用更小的分类阈值。这表示分类器将更可能把观测分类成正类。在该示例中，概率更低会导致更容易将客户归为违约者，分类为正类的样本个数会增加，假正例的个数从而也会增加，最终精确率恶化。

总之，精确率和召回率之间存在着反向关系。

最后再强调一次，对召回率（真正率）和假正率之间的关系进行可视化非常有用。真正率和假正率是对同一现实的不同看法，它们之间存在反向关系。换句话说，给定一些预测的概率，想要降低一种类型的错误率，代价就是让另一种类型的错误率更高。

在绘制假正率对召回率的图形时，我们可以使用接受者操作特性（Receiver Operating Cnaracteristic）曲线。对其名字及其来源不必费心，只要确保你能解释它就行。这条曲线可以通过运行下面的代码得到：

```
from sklearn.metrics import roc_curve
fpr, tpr, ths = roc_curve(y_test, y_pred_prob)

fig, ax = plt.subplots(figsize=(8,5))
ax.plot(fpr, tpr)
ax.set_title('ROC curve', fontsize=16)
ax.set_xlabel('False positive rate', fontsize=14)
ax.set_ylabel('Recall, true negative rate', fontsize=14)
ax.grid();
```

输出结果如图 7-12 所示。

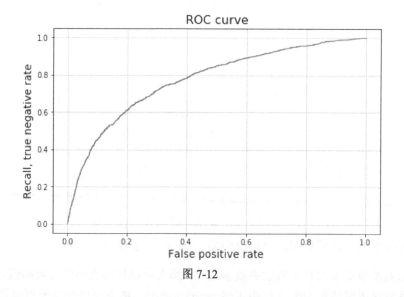

图 7-12

这条曲线从(0,0)开始。这时所有样本被指派给负类。这里没有正类，识别结果也实际上没有正类（召回率为 0）和没有误报（假正率为 0）。在另一个极端，如果所有样本都被分类成正类，那么会识别出 100%的实际正类（如果所有客户都归于违约，那么会识别出 100%的实际违约者，召回率为 1.0）。但是，这样得到的所有错误都是假正例（假正率为 1.0）。

因此，实际应用中应该使用哪种曲线呢？是精确率-召回率曲线，还是 ROC 曲线？这取决于问题以及这个问题的评价和分析方法。

3．分类的自定义指标

在实际应用中，例如现在处理的这个问题，分类器造成的两类错误的重要性并不相同，在具体的业务问题中，它们导致的后果不同，产生的代价也不同。在这个信用卡违约的示例中，哪一类错误是更糟的？是假正例吗？比如预测某位客户不会还款，但实际上他会；还是假负例？比如预测某个客户会还款，但实际上他会违约。

在思考这些问题时，记住解决问题的立场处于机器学习领域之外，处于业务问题领域之内。不要忘记，有效的解决方案是能够解决业务问题的那个（而非精妙地应用机器学习模型的那个）。

有时候，可以考虑对分类器会犯的每个错误指派相应的代价。这时可以根据产生的假正例和假负例的个数，对每个分类器指派某种代价。下面的代码是一个函数，它可给出观测值、预测值，并使用混淆矩阵计算标准化的代价：

```
def class_cost(y_true, y_pred, cost_fn=1, cost_fp=1):
    M = confusion_matrix(y_true, y_pred)
    N = len(y_true)
    FN = M[1,0]
    FP = M[0,1]
    return (cost_fn*FN + cost_fp*FP)/N
```

注意，这里所做的只是将假正例和假负例的各自代价乘一些固定的数值再求和。默认对这两个错误的代价赋予相同的值 cost(1)。也要注意最后通过评价模型的观测个数进行了标准化。

例如，对于得到的最新预测（阈值 0.4），可以得到下面的代价：

```
class_cost(y_test, y_pred)
# 0.2048
```

使用这个函数和不同的阈值，可以为不同的分类器计算各自不同的代价。在这个示例中，可以假设假负例的代价是假正例的代价的 3 倍：

```
thresholds = np.arange(0.05, 0.95, 0.01)
costs = []
for th in thresholds:
    y_pred = (y_pred_prob > th).astype(int)
    costs.append(class_cost(y_test, y_pred, cost_fn=3, cost_fp=1))
costs = np.array(costs)
```

这里可以得到相应的图形：

```
fig, ax = plt.subplots(figsize=(8,5))
ax.plot(thresholds, costs)
ax.set_title('Cost vs threshold', fontsize=16)
```

```
ax.set_xlabel('Threshold', fontsize=14)
ax.set_ylabel('Cost', fontsize=14)
ax.grid();
```

输出结果如图 7-13 所示。

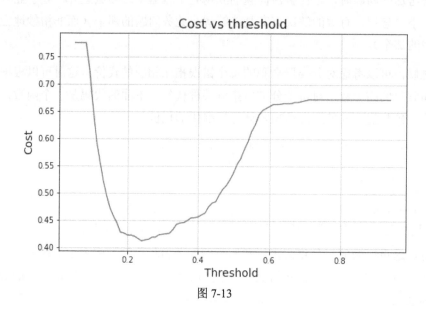

图 7-13

在这种情况下（假正例代价为 3，假负例代价为 1），那么可以看到，最小化这个代价的阈值是 0.24：

```
min_cost_th = thresholds[costs.argmin()]
```

最后，这个阈值对应的混淆矩阵、精确率和召回率如下所示：

```
y_pred = (y_pred_prob > min_cost_th).astype(int)
precision = precision_score(y_test, y_pred)
recall = recall_score(y_test, y_pred)
print("Precision: {:0.1f}%, Recall: {:.1f}%".forma
t(100*precision,
    100*recall))
CM(y_test, y_pred)
```

输出结果如图 7-14 所示。

这种评价方式会更有益于业务的利益相关方。

Precision: 45.2%, Recall: 64.9%

	Pred Paid	Pred Default
Obs Paid	2996	883
Obs Default	394	727

图 7-14

7.4 *k* 折交叉验证

目前我们已经在测试集中评价了模型。这样做的原因已经非常清楚，但还有一点没有讨论。让我们再次回到钻石价格问题。在本章中，我们构建了一个简单的多元线性回归模型，并且在测试集上计算了一些指标。假设使用 MAE 指标来评价模型，结果得到 733.67。接下来我们对建模重复相同的步骤。

- 训练-测试分割。

- 数值特征的标准化。

- 模型训练。

- 得到预测。

- 使用相同的指标评价模型。

再次运行下面的代码：

```
## Train-test split
X_train, X_test, y_train, y_test = train_test_split(X, y, test_size=0.1,
random_state=2)

## Standardize the numeric features
scaler = StandardScaler()
scaler.fit(X_train[numerical_features])
X_train.loc[:, numerical_features] =
scaler.fit_transform(X_train[numerical_features])
X_test.loc[:, numerical_features] =
scaler.transform(X_test[numerical_features])

## Model training
ml_reg = LinearRegression()
ml_reg.fit(X_train, y_train)

## Get predictions
y_pred = ml_reg.predict(X_test)

## Evaluate the model using the same metric
mae = mean_absolute_error(y_true=y_test, y_pred=y_pred)
print("MAE: {:,.2f}".format(mae))
```

在重复和之前相同的步骤后，MAE 现在变成了 726.87，那么哪一个值才是真正的 MAE？是 726.87，还是之前得到的 733.67？再次运行代码后，这个模型有改进吗？发生了什么情况？

上面的代码基本与之前的一样，仅存在一处修正，在 `train_test_split()` 函数中，`random_state` 参数的赋值从 1 变成 2，这种变化表示测试集和训练集（尽管在两种情况下，它们的大小相同）不同。那么哪一个才是真正的 MAE 呢？第一个还是第二个？答案是，两者皆不是。它们都只是 MAE 的真实期望的估计。观测是被随机指派到训练集和测试集中的，因此得到的 MAE 估计是一个随机变量。

使用训练/测试策略的缺点在于，对于评级模型的指标只得到了一种估计。如果希望对度量指标的实际取值进行良好评估，这种训练/测试策略就不值得推荐了。

既然我们知道评价模型的指标会改变，因此更好的方法是获取更多的估计并进行平均，以便更好地得到指标的真实期望值。对此有很多技术可以使用，主要分为重抽样技术和交叉验证技术。为了得到评价指标的多个估计，本节选择较为流行的技术——k 折交叉验证。

交叉验证的思想很简单，将整个数据集划分为 k 个相等的部分（折），第一次迭代中使用第一部分作为测试集，余下的 $k–1$ 个部分作为训练集，模型训练之后，计算第一个部分的指标得到第一个估计；在第二次迭代中，使用第二部分进行测试，其余部分进行训练，从第二部分得到第二个估计；这样一直持续到所有部分都进行过测试为止。通过这种方法，结果得到了指标的 k 个估计。这个过程如图 7-15 所示（$k=4$）。

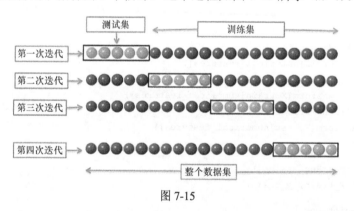

图 7-15

最常用的 k 值是 5 或 10。这里执行"10 折交叉验证"，它可以对回归模型的 MAE 指标做出更准确的评估。`cross_validate()` 函数使用一个估计和一个得分指标：

```
from sklearn.model_selection import cross_validate

## Scaling the whole dataset
scaler = StandardScaler()
scaler.fit(X[numerical_features])
```

```
X.loc[:, numerical_features] = scaler.fit_transform(X[numerical_features])

## 10-fold cv
ml_reg = LinearRegression()
cv_results = cross_validate(ml_reg, X, y,
scoring='neg_mean_absolute_error', cv=10)
scores = -1*cv_results['test_score']
```

出于技术原因，Scikit-learn 使用了指标的负值（neg_mean_absolute_error），所以得到这个得分时要乘–1：

```
array([ 720.83563282,  663.1562278 ,  695.18142822,  950.88984768,
       2043.71156001,  890.10617501,  539.98283615,  624.44948736,
        584.63334965,  604.29011263])
```

可以看到，这些得分有一些变化。通过计算这些得分的均值，可以得到 MAE 真实期望值的更好估计：

```
scores.mean()
```

结果为 831.72，是使用这个模型得到的更好的 MAE 估计。

k 折交叉验证是非常有用的，不仅可以用于模型指标的更准确的估计，还可以用于超参数调节，详细内容参见第 8 章。

7.5 小结

在本章中，我们深入讨论了模型评价。这是预测分析过程中非常重要的步骤。此外，我们还研究了模型评价的各种任务，也讨论了 k 折交叉验证。切记，要始终把评价策略和业务问题结合在一起。

在第 8 章中，我们将介绍提升预测质量的技术。

扩展阅读

- Domingos P, 2012. *A few useful things to know about machine learning.* Communications of the ACM, 55(10): 78-87.

- Provost F，Fawcett T, 2013. *Data Science for Business: What you need to know about data mining and data-analytic thinking.* O'Reilly Media.

第 8 章　调整模型和提高性能

本章主要内容

- 超参数调整。

- 用 EDA 提高模型性能。

- 讨论在执行评价时业务角度的重要性。

本章主要介绍如何改进模型。全章主要包括两个部分。第一部分讨论超参数调整，模型中的有些参数不是从数据中学习得到的，我们可以通过超参数调整方法对其加以赋值。我们先从最简单的"如何调整一个参数"开始，然后展示一种流行的方法——可以同时优化多个超参数的方法。这一部分会用到交叉验证和 k 折交叉验证，由此可见第 7 章涉及的概念非常重要。第二部分展示如何通过尝试不同的模型提高预测质量，然后用一些从**探索性数据分析**过程中得到的信息对钻石价格数据集的目标特征加以变换，以查看结果是否有所改进，随后从不同的视角分析模型的预测能力，最后讨论将模型性能与业务问题进行匹配的必要性。

8.1　技术要求

- Python 3.6 或更高的版本。

- Jupyter Notebook。

- 最新版本的 Python 库：NumPy、pandas、Matplotlib、Seaborn 和 scikit-learn。

8.2 超参数调整

我们已经处理过一些参数模型,这些模型可以从数据中学习参数,例如多元线性回归模型、逻辑回归模型和多层感知器,但是大多数模型中的一些参数不能直接从数据中学习。我们需要对这些参数的取值加以选择,而这样的参数称为**超参数**(Hyperparameter)。我们已经在各个示例中使用各个库的默认值为不同的模型选择了超参数,或者基于经验选择了可能最好的取值,但是如果还希望模型执行得更好,就需要进行一些**超参数调整**,为模型的超参数寻找更好的取值。

本节的第一个示例回到钻石价格模型。

- 进行必要的导入:

```
import numpy as np
import pandas as pd
import matplotlib.pyplot as plt
import seaborn as sns
import os

%matplotlib inline
```

- 载入数据集:

```
DATA_DIR = '../data'
FILE_NAME = 'diamonds.csv'
data_path = os.path.join(DATA_DIR, FILE_NAME)
diamonds = pd.read_csv(data_path)
```

- 准备数据集:

```
## Preparation done from Chapter 2
diamonds = diamonds.loc[(diamonds['x']>0) | (diamonds['y']>0)]
diamonds.loc[11182, 'x'] = diamonds['x'].median()
diamonds.loc[11182, 'z'] = diamonds['z'].median()
diamonds = diamonds.loc[~((diamonds['y'] > 30) | (diamonds['z']> 30))]
diamonds = pd.concat([diamonds, pd.get_dummies(diamonds['cut'],
prefix='cut', drop_first=True)], axis=1)
diamonds = pd.concat([diamonds,
pd.get_dummies(diamonds['color'], prefix='color',
drop_first=True)], axis=1)
diamonds = pd.concat([diamonds,
pd.get_dummies(diamonds['clarity'], prefix='clarity',
```

```
drop_first=True)], axis=1)

## Dimensionality reduction
from sklearn.decomposition import PCA
pca = PCA(n_components=1, random_state=123)
diamonds['dim_index'] =
pca.fit_transform(diamonds[['x','y','z']])
diamonds.drop(['x','y','z'], axis=1, inplace=True)
```

- 应用训练-测试分割：

```
X = diamonds.drop(['cut','color','clarity','price'], axis=1)
y = diamonds['price']

from sklearn.model_selection import train_test_split
X_train, X_test, y_train, y_test = train_test_split(X, y,
test_size=0.1, random_state=7)
```

- 对数据集进行标准化：

```
numerical_features = ['carat', 'depth', 'table', 'dim_index']
from sklearn.preprocessing import StandardScaler
scaler = StandardScaler()
scaler.fit(X_train[numerical_features])
X_train.loc[:, numerical_features] =
scaler.fit_transform(X_train[numerical_features])
X_test.loc[:, numerical_features] =
scaler.transform(X_test[numerical_features])
```

至此，我们已经为超参数调整做好了准备。接下来，我们先处理最简单的情况，即调整单个参数。

8.2.1 优化单个超参数

*k*NN 是非参数模型的一个示例，它没有参数需要从数据中学习。但是，它有一个非常重要的超参数，即近邻的个数。回顾第 4 章的内容，我们在钻石价格数据集中用了有 12 个近邻的 *k*NN 模型，并与多元线性回归模型和 LASSO 回归模型进行了比较，最终 *k*NN 模型给出了最佳结果。当时使用的 "12" 是一个很好的取值，但没有证明它一定是最佳取值。为什么近邻不是 9 个或 15 个？会不会 "10" 才是表现最佳取值？这就是超参数优化的全部内容，即找到最佳超参数的集合，或者更快地找到一组好的超参数，从而使模型执行得更好。

对于优化单个超参数来说，需要定义的第一件事是如何评价模型。最简单的事情是选择一个感兴趣的主要指标，比如这里将用**平均绝对误差（MAE）**来度量钻石价格模型的性能。现在我们需要知道待优化的超参数可能有什么备选值，然后要找到与每个备选值相关的指标值。

为了得到取值对（candidate_value，metric_value），我们需要引入**验证集**的概念，这是衡量模型性能的数据集子集，用于在超参数的不同备选值之下衡量模型性能。为什么不在测试集中直接进行这种衡量呢？因为接下来我们还要间接使用测试集中的数据对模型进行某些调整。如果直接进行衡量，那么超参数会对测试集中的数据进行调整，但是使用测试集的关键是用以前不可见的数据模拟模型的运行。这就是整个建模过程（包括超参数调整阶段）不可以接触测试集的原因，也是需要验证集的原因。

下面的代码为验证指派了 10% 的训练样本：

```
X_train, X_val, y_train, y_val = train_test_split(X_train, y_train,
test_size=0.1, random_state=13)
```

现在，用一个简单的 for 循环处理取值对（candidate_value，metric_value）的计算问题：

```
from sklearn.neighbors import KNeighborsRegressor
from sklearn.metrics import mean_absolute_error

candidates = np.arange(4,16)
mae_metrics = []
for k in candidates:
    model = KNeighborsRegressor(n_neighbors=k, weights='distance',
metric='minkowski', leaf_size=50, n_jobs=4)
    model.fit(X_train, y_train)
    y_pred = model.predict(X_val)
    metric = mean_absolute_error(y_true=y_val, y_pred=y_pred)
    mae_metrics.append(metric)
```

对每个 k 取值相关的 MAE 进行可视化：

```
fig, ax = plt.subplots(figsize=(8,5))
ax.plot(candidates, mae_metrics)
ax.set_xlabel('Hyper-parameter K', fontsize=14)
ax.set_ylabel('MAE', fontsize=14)
ax.grid();
```

输出结果如图 8-1 所示。

既然知道 MAE 越小模型越好，那么根据图 8-1 可知，最好的 k 值是 7。现在是不是可以宣布 7 是超参数 k 的最好取值呢？根据这个分析，结果当然是肯定的，但其实还可以改进。

记住，测试集上的 MAE 只是真实 MAE 的一个估计，创建训练集和测试集有一定随机性，因此它也会波动。我们在第 7 章讲过，使用 k 折交叉验证可以对评价指标做出更好的估计。

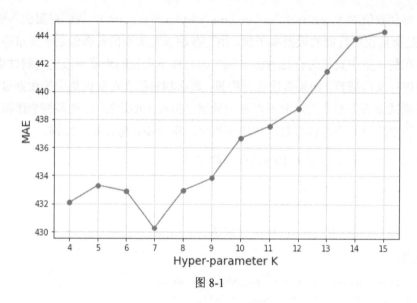

图 8-1

所以，现在执行相同的计算，但结果不再是单个 MAE 估计，而是交叉验证值，接下来准备进行 k 折交叉验证。这里不再需要任何一个验证集（在这种处理之下，每个 k 折交叉验证将发挥验证集的作用）。通过创建验证集修正训练集，接着重新计算训练-测试分割（包括标准化）：

```
X_train, X_test, y_train, y_test = train_test_split(X, y, test_size=0.1,
random_state=7)
scaler = StandardScaler()
scaler.fit(X_train[numerical_features])
X_train.loc[:, numerical_features] =
scaler.fit_transform(X_train[numerical_features])
X_test.loc[:, numerical_features] =
scaler.transform(X_test[numerical_features])
```

现在运行同样的循环，只是这次指标计算使用了"10 折交叉验证"。当然，运行时间也更长：

```
from sklearn.model_selection import cross_val_score
candidates = np.arange(4,16)
mean_mae = []
std_mae = []
for k in candidates:
```

```
    model = KNeighborsRegressor(n_neighbors=k, weights='distance',
metric='minkowski', leaf_size=50, n_jobs=4)
    cv_results = cross_val_score(model, X_train, y_train,
scoring='neg_mean_absolute_error', cv=10)
    mean_score, std_score = -1*cv_results.mean(), cv_results.std()
    mean_mae.append(mean_score)
    std_mae.append(std_score)
```

接着再来看看针对 k 折交叉验证 MAE 的图形：

```
fig, ax = plt.subplots(figsize=(8,5))
ax.plot(candidates, mean_mae, "o-")
ax.set_xlabel('Hyper-parameter K', fontsize=14)
ax.set_ylabel('Mean MAE', fontsize=14)
ax.set_xticks(candidates)
ax.grid();
```

输出结果如图 8-2 所示。

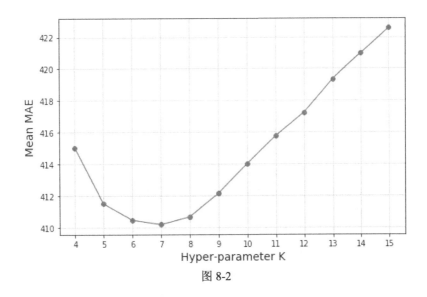

图 8-2

现在，再次看到最佳取值是 $k=7$，尽管 $k=8$ 或 $k=6$ 对应的平均 MAE 结果一样。考虑到平均 MAE 的值非常接近，实际上无论 k 取 6、7、8 中的哪个，表现都非常接近。从交叉验证程序中收集到的另一个重要统计量是每 10 个 MAE 估计值的标准差（对每个候选变量估计 10 个 MAE 值）。下面是绘图的代码：

```
fig, ax = plt.subplots(figsize=(8,5))
ax.plot(candidates, std_mae, "o-")
```

```
ax.set_xlabel('Hyper-parameter K', fontsize=14)
ax.set_ylabel('Standard deviation of MAE', fontsize=14)
ax.set_xticks(candidates)
ax.grid();
```

输出结果如图 8-3 所示。

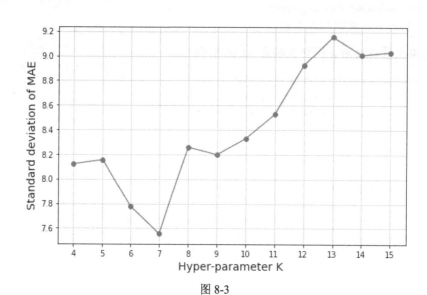

图 8-3

从图 8-3 中可以看到模型方差的估计值，它刻画了模型对数据波动的敏感性。直观来讲，模型方差的估计值衡量了训练样本的改变对模型结果的影响。通常都不会希望出现高方差，因为它表示模型不稳定。可以看到，这里的模型方差相对比较低，并且方差最低的模型是 k=7 对应的模型，因此可以推断 kNN 模型的"最优"参数是 k=7。这是我们完成的第一个参数优化。

前文在最优上使用了引号，因为 k=7 只在该处的评价中是最优的，该处的评价使用 MAE 决定模型性能。如果使用其他评价指标，k 的优化值可能也会有所不同。使用引号的另一个原因是 k=7 只是在已经尝试的这几个值当中是最优的。原则上，可能还有其他方法可以生成更好的 k 值。但是，考虑到图 8-3 中看到的是候选值对平均 MAE 的趋势，看起来随着 k 值的增加，模型变得更糟，所以可以合理假设这种趋势会随着 k 值变大而保持下去。不过，要牢记尽管并不确定 k=7 是最佳值，尝试 k 取每一个可能的值更不切实际，因此可以把 k=7 称为 k 的最优值。

讨论过调整单个超参数，让我们来看如何同时优化多个超参数。

8.2.2 优化多个超参数

这个示例会回到信用卡违约数据集。和以往一样，导入必要的库：

```
import numpy as np
import pandas as pd
import matplotlib.pyplot as plt
import seaborn as sns
import os

%matplotlib inline
```

准备数据集的代码如下：

```
# Loading the dataset
DATA_DIR = '../data'
FILE_NAME = 'credit_card_default.csv'
data_path = os.path.join(DATA_DIR, FILE_NAME)
ccd = pd.read_csv(data_path, index_col="ID")
ccd.rename(columns=lambda x: x.lower(), inplace=True)
ccd.rename(columns={'default payment next month':'default'}, inplace=True)

# getting the groups of features
bill_amt_features = ['bill_amt'+ str(i) for i in range(1,7)]
pay_amt_features = ['pay_amt'+ str(i) for i in range(1,7)]
numerical_features = ['limit_bal','age'] + bill_amt_features +
pay_amt_features

# Creating creating binary features
ccd['male'] = (ccd['sex'] == 1).astype('int')
ccd['grad_school'] = (ccd['education'] == 1).astype('int')
ccd['university'] = (ccd['education'] == 2).astype('int')
ccd['married'] = (ccd['marriage'] == 1).astype('int')

# simplifying pay features
pay_features= ['pay_' + str(i) for i in range(1,7)]
for x in pay_features:
    ccd.loc[ccd[x] <= 0, x] = 0

# simplifying delayed features
delayed_features = ['delayed_' + str(i) for i in range(1,7)]
for pay, delayed in zip(pay_features, delayed_features):
    ccd[delayed] = (ccd[pay] > 0).astype(int)
# creating a new feature: months delayed
ccd['months_delayed'] = ccd[delayed_features].sum(axis=1)
```

最后，对数据集进行分割并标准化：

```
numerical_features = numerical_features + ['months_delayed']
binary_features = ['male','married','grad_school','university']
X = ccd[numerical_features + binary_features]
y = ccd['default'].astype(int)

## Split
from sklearn.model_selection import train_test_split
X_train, X_test, y_train, y_test = train_test_split(X, y, test_size=5/30,random_state=25)

## Standarize
from sklearn.preprocessing import StandardScaler
scaler = StandardScaler()
scaler.fit(X[numerical_features])
X_train.loc[:, numerical_features] =
scaler.transform(X_train[numerical_features])
X_test.loc[:, numerical_features] =
scaler.transform(X_test[numerical_features])
```

现在我们做好了构建模型的准备。我们在第 7 章使用随机森林模型进行过预测，在这里引入另一个示例作为参考，对**曲线下的面积**（Area Under the Curve，AUC）计算交叉验证得分：

```
from sklearn.model_selection import cross_val_score
from sklearn.ensemble import RandomForestClassifier
ref_rf = RandomForestClassifier(n_estimators=25,
                                max_features=6,
                                max_depth=4,
                                random_state=61)

ref_rf_scores = cross_val_score(ref_rf, X, y, scoring='roc_auc', cv=10)
```

结果给出的平均 AUC 值为 0.7591。这些 AUC 值是一些超参数随意选值后的计算结果。现在来看一下这个估计器的相关文档，看看这些超参数的意义。

- n_estimators：森林中树的棵数。

- max_depth：树的最大深度。

- max_features：寻找最佳分割时要考虑的特征个数。

当然，还有其他一些可以优化的超参数，但对本例而言，这 3 个超参数就足够了。

这里使用的方法称为**穷举格点搜索**，这种方法尝试不同取值的超参数可能组成的所有组合。例如，如果对 n_estimators 尝试两个值，对 max_depth 尝试 3 个值，那么共有 2×3=6 组取值组合可以尝试。

记住，如果想对每个超参数的许多不同取值都进行尝试，而且需要调整的超参数有许多，那么不同的组合就有许多。穷举格点搜索会把各个组合都尝试一遍。交叉验证又是一个非常值得推荐的方法，在使用 k 折交叉验证时，这种方法将对每种组合拟合 k 个模型。所以可以想象，它的计算成本相当高。下面我们使用 GridSearchCV 执行穷举格点搜索。使用 GridSearchCV 最简单的方式是首先定义**参数格点**，它包含一系列对每个超参数可能进行尝试的取值字典：

```
from sklearn.model_selection import GridSearchCV
param_grid = {"n_estimators":[25,100,200,400],
              "max_features":[4,10,19],
              "max_depth":[4,8,16,20]}
```

可以考虑将字典列表作为参数格点进行传递，以便更好地定义待尝试的参数组合。例如，如果只想用少量的估计器拟合更深的树，那么可以定义这样的参数格点：

```
param_grid = [ {'n_estimators': [25, 100],
"max_depth":[16,20], "max_features":[4,10,19]},
{'n_estimators': [200, 400], "max_depth":[4,8],
"max_features":[4,10,19]}, ]
```

在这种情况下，一些不需要的组合就不会被尝试，因此可以减少搜索最佳参数的时间。

这个示例中有 n_estimators 的 4 个值、max_features 的 3 个值以及 max_depth 的 4 个值，共计 48（4×3×4）个不同的超参数组合。

一旦定义了参数格点，我们就可以创建 GridSearchCV 类的实例：

```
rf = RandomForestClassifier(random_state=17)
grid_search = GridSearchCV(estimator=rf,
                           param_grid=param_grid,
                           scoring='roc_auc',
                           cv=5,
                           verbose=1)
```

现在我们已经传递了需要调整的基本估计器（RandomForestClassifier）、参数格点、度量性能的指标（此时是 AUC）以及 k 折交叉验证的折数（此时是 5）。一旦实例创建完毕，我们就可以使用 fit() 方法启动这个过程：

```
grid_search.fit(X_train, y_train)
```

可以看到下列信息：

```
Fitting 5 folds for each of 48 candidates, totalling 240 fits
```

一旦这个过程完成，我们就可以访问字典 grid_search.cv_results_。这个字典包含关于模型拟合和交叉验证结果的统计量。在此我们关注的是 mean_test_score。为了看到结果以及有关的参数组合，我们创建下列的 Pandas 序列：

```
gs_results = pd.Series(grid_search.cv_results_['mean_test_score'],
index=grid_search.cv_results_['params'])
gs_results.sort_values(ascending=False)
```

输出结果如图 8-4 所示。

```
{'max_depth': 8, 'max_features': 10, 'n_estimators': 400}    0.771326
{'max_depth': 8, 'max_features': 10, 'n_estimators': 200}    0.771129
{'max_depth': 8, 'max_features': 10, 'n_estimators': 100}    0.770636
{'max_depth': 8, 'max_features': 19, 'n_estimators': 200}    0.770251
{'max_depth': 8, 'max_features': 19, 'n_estimators': 400}    0.770065
{'max_depth': 8, 'max_features': 19, 'n_estimators': 100}    0.769861
{'max_depth': 8, 'max_features': 10, 'n_estimators': 25}     0.768982
{'max_depth': 8, 'max_features': 4, 'n_estimators': 400}     0.768858
{'max_depth': 8, 'max_features': 4, 'n_estimators': 200}     0.768732
{'max_depth': 8, 'max_features': 4, 'n_estimators': 100}     0.768362
{'max_depth': 8, 'max_features': 19, 'n_estimators': 25}     0.767242
{'max_depth': 8, 'max_features': 4, 'n_estimators': 25}      0.765414
{'max_depth': 16, 'max_features': 4, 'n_estimators': 400}    0.765067
{'max_depth': 4, 'max_features': 19, 'n_estimators': 200}    0.764648
{'max_depth': 4, 'max_features': 19, 'n_estimators': 400}    0.764607
{'max_depth': 16, 'max_features': 4, 'n_estimators': 200}    0.764532
{'max_depth': 4, 'max_features': 10, 'n_estimators': 200}    0.764499
{'max_depth': 4, 'max_features': 10, 'n_estimators': 400}    0.764350
{'max_depth': 4, 'max_features': 19, 'n_estimators': 100}    0.764184
{'max_depth': 4, 'max_features': 10, 'n_estimators': 100}    0.763871
{'max_depth': 16, 'max_features': 10, 'n_estimators': 400}   0.762903
{'max_depth': 16, 'max_features': 10, 'n_estimators': 200}   0.762595
```

图 8-4

可以看到，最佳的参数组合是 'max_depth': 8, 'max_features': 10, 'n_estimators':400。但是，可以看到其下的参数组合的 AUC 值极其接近最佳值。也可以看到，所有靠前的组合中都有 'max_depth':8，显然它是超参数的一个好取值。

 进行超参数调整时，在调整过程之外留出一个测试集非常重要，这样在模型从未接触过的数据上应用时，可以确认指标结果的估计。

可以发现，任意取值如 'max_depth':4、'max_features':4、'n_estimators':25）得到的 AUC 都比较小，小于之前 48 个组合值中的任何一种组合计算得到的 AUC。要更准确地比较和分析调节参数的效果，可以比较一下这两个模型的精确率-召回率曲线：

```
from sklearn.metrics import precision_recall_curve
## Fitting the initial (not tuned) model:
ref_rf.fit(X_train, y_train)

## Getting the probabilites
y_prob_tunned = grid_search.predict_proba(X_test)[:,1]
y_prob_not_tunned = ref_rf.predict_proba(X_test)[:,1]

## Values for plotting the curves
prec_tuned, recall_tuned, _ = precision_recall_curve(y_test, y_prob_tunned)
prec_not_tuned, recall_not_tuned, _ = precision_recall_curve(y_test,
y_prob_not_tunned)
```

通过下列代码可以在一张图中显示两条曲线：

```
fig, ax = plt.subplots(figsize=(8,5))
ax.plot(prec_tuned, recall_tuned, label='Tuned Model')
ax.plot(prec_not_tuned, recall_not_tuned, label='Not Tuned Model')
#ax.set_title('Precision and recall for different thresholds', fontsize=16)
ax.set_xlabel('Precision', fontsize=14)
ax.set_ylabel('Recall', fontsize=14)
ax.set_xlim(0.3,0.7); ax.set_ylim(0.1,0.9)
ax.legend(); ax.grid();
```

输出结果如图 8-5 所示。

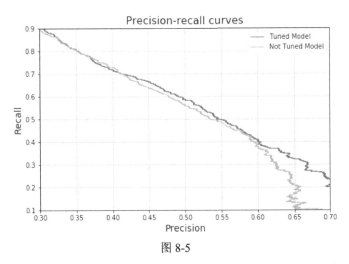

图 8-5

可以看到，调节好的模型曲线都位于未调节的模型曲线的右侧一些，与之非常接近。这表示对于给定的召回率取值，这条曲线给出的精确率更好。尽管此时的差异并不大，但在许多实际设定中，比如信用得分，精确率 1% 或 2% 的差异可能意味着上千或上百万美元。

最后，有必要提一下穷举格点搜索不是同时调节许多超参数的唯一方法，甚至不是 scikit-learn 中的唯一方法。在 scikit-learn 官方网站看超参数调节的文档中，你可以找到更多其他的方法，如随机参数优化。

8.3　提高性能

在本节中，我们将尝试做一些事情，看看是否能提高模型的性能。和之前所说的一样，有时小小的性能提升会对模型的应用领域产生巨大的影响。

8.3.1　改进钻石价格预测

尽管我们已经发现了 kNN 模型的最佳 k 值，但神经网络模型依然希望更大。要提高钻石价格预测的准确率，下面我们将进行两项处理：第一，拟合神经网络；第二，对目标进行变换。

1．拟合神经网络

对这个问题之前使用过神经网络模型，而且结果很好。我们在第 6 章中拟合过一个模型，这里拟合一个类似的模型：

```
from keras.models import Sequential
from keras.layers import Dense

n_input = X_train.shape[1]
n_hidden1 = 32
n_hidden2 = 16
n_hidden3 = 8

nn_reg = Sequential()
nn_reg.add(Dense(units=n_hidden1, activation='relu',
input_shape=(n_input,)))
nn_reg.add(Dense(units=n_hidden2, activation='relu'))
nn_reg.add(Dense(units=n_hidden3, activation='relu'))
# output layer
nn_reg.add(Dense(units=1, activation=None))
```

现在，编译并训练神经网络：

```
batch_size = 32
n_epochs = 50
nn_reg.compile(loss='mean_absolute_error', optimizer='adam')
nn_reg.fit(X_train, y_train, epochs=n_epochs, batch_size=batch_size,
validation_split=0.05)
```

训练神经网络之后，可以得到 MAE 的测试值：

```
y_pred = nn_reg.predict(X_test)
mae_neural_net = mean_absolute_error(y_test, y_pred)
print("MAE Neural Network: {:0.2f}".format(mae_neural_net))
```

结果为 344.84 的测试 MAE（比最优的 kNN 模型好很多）。

非常好！这里通过使用一个更复杂的模型，大大提高了预测质量。那么模型是否可以再改进呢？尝试一下第二项处理。

2．目标变换

在第 3 章中，我们在数据集上进行了 EDA，并找到了钻石价格分布的特点（分布是有偏的，而且偏度很大），现在来看一下钻石价格的分布（见图 8-6）。

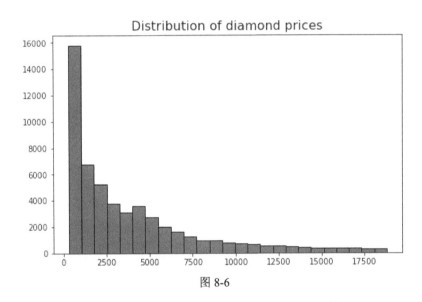

图 8-6

当目标的分布更对称时，回归模型的效果最好。因此，你可以多次变换目标，使它的分布更对称。因为只有正值，所以可以考虑对偏态特征采用对数变换。对训练集实施这种变换，并看一下转换后的目标分布：

```
y_train = np.log(y_train)
pd.Series(y_train).hist(bins=25, ec='k', figsize=(8,5))
plt.title("Distribution of log diamond prices", fontsize=16)
plt.grid(False);
```

输出结果如图 8-7 所示。

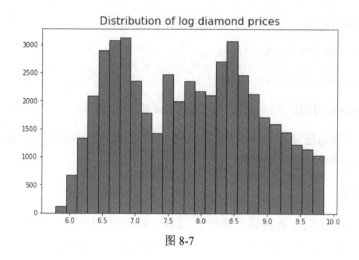

图 8-7

这个分布并不是精确对称的，但至少解决了原目标中的高度偏态分布问题。用变换过的目标拟合相同的神经网络，看看结果能得到什么：

```
nn_reg = Sequential()
nn_reg.add(Dense(units=n_hidden1, activation='relu',
input_shape=(n_input,)))
nn_reg.add(Dense(units=n_hidden2, activation='relu'))
nn_reg.add(Dense(units=n_hidden3, activation='relu'))
# output layer
nn_reg.add(Dense(units=1, activation=None))
```

编译和拟合的代码如下：

```
batch_size = 32
n_epochs = 40
nn_reg.compile(loss='mean_absolute_error', optimizer='adam')
nn_reg.fit(X_train, y_train, epochs=n_epochs, batch_size=batch_size,
validation_split=0.05)
```

最后，计算预测价格和 MAE。为了使结果可以比较，我们应该对价格加以预测（这个神经网络预测的是对数价格）：

```
y_pred = nn_reg.predict(X_test).flatten()
# transformation from log prices to prices
y_pred = np.exp(y_pred)
mae_neural_net2 = mean_absolute_error(y_test, y_pred)
print("MAE Neural Network (modified target):
{:0.2f}".format(mae_neural_net2))
```

结果为 320.2，指标提高了约 7.7%。目前只对目标变量进行过一种简单变换，变换虽然很小，但实现了重要的改进。

3. 分析结果

除了使用一种指标（此时是 MAE）评价模型，这里再次重复第 7 章中的建议，使用一些图形化方法来评价模型总是不错的。让我们来看一下图 8-8 所示的残差图。

图 8-8

我们从图 8-8 中可以得到两个信息。首先，最大的残差（最大的模型错误）与高的钻石价格相关。其次，除了几个例外，价格小于或等于 5000 美元的钻石的残差小于 2000。从这些观测可以得出"价格越低，模型的预测能力越强"这样的结论吗？这取决于**预测能力**的定义。如果通过所犯错误（绝对值）的大小来评判模型，那么回答是对的，残差的大小看起来随着价格的增加而增加。事实上，如果用低于 7500 美元的钻石价格的取值计算 MAE，得到的数字就非常小：

```
mask_7500 = y_test <=7500
mae_neural_less_7500 = mean_absolute_error(y_test[mask_7500],
y_pred[mask_7500])
print("MAE considering price <= 7500:
{:0.2f}".format(mae_neural_less_7500))
```

结果为 192.6，这个提升很大。

但是，预测能力的意思可能完全不同。价格越高，残差就越大，但是这个残差占实际价格的比例呢？例如，考虑下面两种情况。

- **情况 1**：预测价格是 400 美元，实际价格是 500 美元。这里的残差是 100，但 100 美元是实际价格的 20%。

- **情况 2**：预测价格是 4800 美元，实际价格是 5000 美元。这里的残差是 200（情况 1 的 2 倍），但 200 美元只是实际价格的 4%。

对于情况 1 和情况 2，哪种的预测能力更好呢？要回答这个问题，需要先回答预测能力的含义是什么，而且这个问题如何回答还取决于具体的业务问题。

现在我们看一下残差作为实际价格比例的图形（见图 8-9），直线给出了那些百分比误差在 ±15% 之间的点的范围：

```
fig, ax = plt.subplots(figsize=(8,5))
percent_residuals = (y_test - y_pred)/y_test
ax.scatter(y_test, percent_residuals, s=3)
ax.set_title('Pecent residuals vs. Observed Prices', fontsize=16)
ax.set_xlabel('Observed prices', fontsize=14)
ax.set_ylabel('Pecent residuals', fontsize=14)
ax.axhline(y=0.15, color='r'); ax.axhline(y=-0.15, color='r');
ax.grid();
```

输出结果如图 8-9 所示。

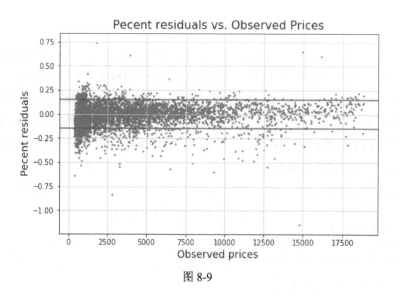

图 8-9

8.3.2　是技术问题，更是业务问题

在预测分析中，提高性能不仅意味着更好的模型、变换和超参数调节，更与业务问

题紧密相关。我们必须真正理解业务问题，并借助相关信息给出更好的解决方案，或者为需求方提供一系列的选择，帮助他们确定最好的解决方案。

例如，如果 IDR 的业务模型取决于小的残差绝对值，那么推荐只对（比如）价格低于 7500 美元的钻石使用模型（如果模型预测了像 13000 美元这样的价格，那么应该对这颗钻石给出另一种评价）。这是模型的一种限制，但是这种限制也可帮助它在新的应用范围内进行改进，新的应用范围是指低价格的钻石范围。此外，如果 IDR 的业务模型依赖于预测的相对误差，那么当对可能低于比如 1000 美元的钻石范围应用模型时，就必须要小心。

我们在第 2 章中讲过，预测分析不是线性过程，模型评价也会产生不同的理解，而且一旦有了新的发现，一些已下的结论也可能需要随之改变。也许可能已经决定，评价模型的最佳方式是使用 MAE，但实际分析结果并对其进行讨论时，我们可能会意识到评价指标需要改变，接着可能需要返回建模阶段，并考虑尝试不同的模型。因此，预测分析不是线性过程。

改变决策和结论并不是坏事，相反，承认存在疏忽并相应改变观点将得到更好的新模型。这个建议不仅在预测分析中有用，在生活中同样有用。

8.4　小结

本章讨论了一些可以提高模型质量的方法，比如超参数调整，用于在一组候选值中找到最佳性能模型对应的参数取值或取值组合。针对候选值开始实验时，好的默认值非常重要。本章在执行超参数调整时，讨论了交叉验证和保持测试集不变的重要性，这样做可以恰当评估优化模型的结果。但如果不这样做，实际上可能会导致对测试集的超参数进行调整，这样性能上的小改进可能会根据应用程序对业务产生重大影响。

本章还讨论了如何利用目标特征变换改进模型。使用对数变换能解决钻石价格中存在的偏态问题。结合分类模型，你可以尝试融合一些类别，或重新定义观测的类别归属。最后，本章讲到了提高预测质量不仅与机器学习有关，把性能、指标、残差等分析与具体的业务问题相联系也非常重要。从业务问题出发，可以用新的方法来提升模型的性能，而不一定是通过更好的模型或参数。

在实际的预测分析中，你可以尝试不同的思路。有些思路很糟糕，会毫无收获；有些思路是好的，会揭示出新信息。尝试的目的是提升模型的性能，虽然没有可以遵循的诀窍，但却给了你发挥创造力的空间。

第 9 章 基于 Dash 的模型实现

本章主要内容

- 模型沟通和/或部署阶段。

- 介绍 Dash。

- 将预测模型作为网络应用实现。

在本章中，我们主要介绍模型的沟通与部署，这是预测分析过程的最后一个阶段。建模的关键是通过某种方式用模型解决具体问题，所以模型实现是必要的步骤。但是，尽管有必要，模型实现在许多机器学习和预测建模的课程和资源中还是常常被遗忘和忽视。

我们首先讨论模型的沟通与部署阶段——解释预测分析解决方案的主要实现途径——使用技术报告、说明现有应用程序的特征，以及分析应用程序。这一部分讨论交流的是一些重要技巧和结论。

随后我们引入 Dash 库，用它构建预测模型的网络应用程序：先构建两个简单应用来帮助用户理解 Dash 基础，再把钻石价格问题的神经网络模型作为网络应用程序加以实现，这个网络应用程序将接收用户的输入并返回相应的预测。

9.1 技术要求

- Python 3.6 或更高版本。

- Jupyter Notebook。

- 最新版本的 Python 库：NumPy、Pandas、Matplotlib、Seaborn 和 Scikit-learn。

- Dash 基本库（安装指令参见 9.3 节）。

9.2 模型沟通和/或部署阶段

构建预测模型的目标是解决业务问题。这个阶段在预测分析和机器学习的许多相关图书和课程中一般都不会讨论。本书的预测建模不是为了建模而建模，而是在抱有某个目标的前提下对这些技术进行实际应用。

实现预测分析过程主要有 3 种途径：使用技术报告，说明现有应用程序的功能，以及分析应用程序。

下面我们主要讨论这 3 种常见的途径。

9.2.1 使用技术报告

通常的要求是做一份技术报告，用以说明解释结果、主要的发现和推荐的应对措施。这通常意味着需要为关键的需求方做一次相关汇报，对方法论和最重要的结论进行解释，因此数据科学家和分析工作者通常需要具备良好的沟通能力。尽管解决方案本身从技术的角度看起来完美无缺，但如果还想获取他人的认可，就需要采取友好、高效的沟通方式。

强烈建议在准备报告时，务必了解自己的听众是谁。始终记住报告的对象是谁，因为这些结果与他们有关，而不是与执笔人有关。不论报告是正式的还是非正式的，心中有听众会决定汇报风格，如使用术语的数量、技术层次、主要观点等。

每个项目都有不同，这里列出了报告中的常见组成部分：

- 背景。

- 业务问题。

- 问题的分析方法。

- 方法论。

- 数据的问题。

- 主要的发现。

- 预测的含义。

- 模型的局限。

- 推荐的措施。

制作报告需要大量使用数据可视化方法，因此掌握可视化的沟通方法很有必要。推荐大家阅读一本非常有用的书，Knaflic（2015）。这本书解释了如何用数据"讲故事"。——作者反复强调"可视化是一种沟通方式"。

- **理解背景**：听众是谁？想让听众了解什么或做什么？

- **选择合适的可视化类型**：最适合听众进行观点交流的可视化类型是什么？

- **消除杂乱无章的内容**：只在每个图中展示绝对必要的元素，避免冗余或无意义的内容。

- **将注意力集中在最需要的地方**：使用各种不同的技巧吸引听众的注意力，使之集中关注交流的要点。

- **像设计师一样思考**：这意味着形式要服从功能。思考信息和可视化的服务功能，创建一种将信息传达给听众的形式。

- **讲故事**：故事会让听众产生共鸣，这种方式无可替代，因此你要学会当"说书人"。要试着把业务问题和解决方案串成一个连贯的故事框架，而不仅仅是罗列事实。

最后，试着采用富有情感和逻辑缜密的方式陈述报告。

9.2.2　说明现有应用程序的功能

通常，模型的结果会成为另一个更大的应用程序的附加功能。许多网站的客户应用程序，又或者包含推荐功能的 App，推荐就是预测分析部分结果的体现。

另外，所有行业的公司以及所有类型的组织，其内部使用的软件系统大都包含一些预测分析的功能。Siegel（2013）展示了不同领域的许多预测分析应用，包括下面这些示例。

- **市场营销**：预测直销活动的结果。

- **金融**：预测分析解决方案是黑箱交易的核心。事实上，世界上最大金融市场的大部分交易都是通过算法完成的，而非人类完成的。

- **零售**：例如，预测哪些顾客怀孕了，这样公司可以针对她们提供特别服务。

- **人力资源**：预测哪些雇员将离职。

- **医疗**：具有预测功能的不同类型医疗设备。

- **航空**：预测航班的延误情况。

如果你具有软件工程背景，很容易成为开发团队的一员，这些团队会将预测功能整合到软件中。如果你没有这样的背景（就像笔者），也依然需要与软件开发团队合作。为了保证预测功能符合预期，你必须理解软件开发的专业语言——如集成、测试、打包、版本控制、部署等。

上述工作通常由团队完成，因此建议具体的目标不要太大，范围不要太大，不要试图完成包括预测分析、集群配置、云计算、并行计算、数据管道、软件工程、DevOps、设计等的所有任务。只要尝试学习一些与软件工程领域有关的基础知识，往往就能与团队的其他成员进行有效沟通了。

9.2.3 分析应用程序

有时，需要通过桌面端、网络端或移动端的应用程序来应用模型，这与之前的案例非常相似。然而，在这些情况下，预测模型的输出才是主角，而应用程序的其他功能只是为了"支持"主角，即为预测服务。

选择模型开发应用程序有如下一些常用的方法。

- **重新执行**：大多数的企业级应用程序必须使用行业标准进行开发，这包括使用快速、可靠的底层编程语言，如 Java、C 或 C++。用 Python 完成一个模型的创建后，为了将解决方案投入生产，很可能需要使用某种底层语言重新执行解决方案。这种方法的主要优点是最终方案可获得底层语言的稳健性，尤其是在性能方面。其主要缺点是非常耗时，如果模型还需要频繁修改，那么耗费的时间会更长。

- **使用序列化对象**：这种方式更简单。先生成一个模型，再把它保存在硬盘上的一个序列化对象中，然后使这个对象服务于用 Python 和兼容技术编写的应用程序。本章将构建一个使用这种方法的分析应用程序。

还有一些其他的方法，比如使用**预测模型标记语言**（Predictive Model Markup Language，PMML），这是一种基于可扩展标记语言（Extensible Markup Language，XML）的预测模型交换格式。它为分析应用程序提供了一种用于描述和交换预测模型的方式。这种语言支持大多数常用的预测模型（包括本书中用到的模型）。这种语言可用于不同的操作系统和平台，但在预测分析中的应用还不广泛，但这是一门值得探索的语言，所以可参考相关网站中的内容。

记住，一个工程师团队通常要花费几周的时间才能在生产中部署一个企业级的应用程序。因此，本章构建的应用程序只能视为一种原型。但是，尽管它很简单，我们也可以通过它学习如何部署一个网络应用程序，使之服务于训练过的模型的预测。

9.3　Dash 简介

在本节中，我们通过构建两个简单的应用程序，对 Dash 框架进行简单介绍。当然，这个介绍并不完整，本章将继续介绍更多的知识，展示如何生成应用程序的原型。

9.3.1　什么是 Dash

Dash 是一个 Python 框架，可以用于轻松、快捷地构建网络应用程序，且无须开发者了解 JavaScript、CSS、HTML、服务器端编程或者属于网络开发领域的有关技术。其功能如下。

- 在纯 Python 环境中构建 App 的框架，该 App 可以为用户定制数据可视化的界面。
- 通过两个简单的模式，Dash 可抽象出构建交互网络应用程序所要求的技术和原型。
- Dash 是跨平台的，它创建的 App 都可以在网络浏览器中渲染，可以在服务器上部署并使用 URL 进行分享。

9.3.2　Plotly

Plotly 是一个可视化库，是由开发 Dash 的同一家公司出品的，可以和 Dash 一起使用。

这个库的目标是在网络浏览器中生成可交互的可视化界面，同时该公司提供在线托管可视化的服务。这个库也可以在离线模式下使用，这就是我们在这里要做的。除了几个基本概念，本章不再涉及 Plotly，但如果你对生成交互式可视化界面有兴趣，建议读一读这个库的官方文档。

9.3.3 安装

接下来我们按照文档中的指令，使用 pip 命令安装这个库（如果使用的是 Anaconda 的虚拟环境，记住每次安装后都要重新激活环境），这里将安装截至写作时的最新版本：

```
pip install dash==0.28.5 # The core dash backend
pip install dash_html_components==0.13.2 # HTML components
pip install dash_core_components==0.35.0 # Supercharged components
```

9.3.4 应用程序布局

应用程序布局可描述应用程序的概况。布局是组件的层次树，表示组件是由其他组件组成的，而这些组件又由其他组件组成，以此类推。属于另一些组件的成分称为**子组件**，一个组件可以没有子组件，也可以有许多子组件。为了创建布局及其子成分，这里主要使用以下两个库。

- dash_html_components：这个库可提供所有 HTML 标签类，关键字参数描述了 HTML 属性，比如 style、className 和 id。如果熟悉 HTML，可以发现标准的 HTML 标签，如 headers、divs、body、title 等。如果不熟悉 HTML，这些内容也很容易了解，网上有许多相关的在线教程。而且这里不必担心，本书的示例只用到了很少的相关元素。

- dash_core_components：这个库用于生成高级成分，例如控件和图形。

在布局中，所有组件要放到应用程序中。从概念角度讲，交互式应用程序的每个组件都属于下列类别之一。

- **静态组件**：标题、文本、图像等。这些元素可以用来描述应用程序，创建主要依靠 dash_html_components 库。

- **输入组件**：捕捉用户输入的组件，如下拉菜单、日期选择器、输入框等，主要使用 dash_core_components 库来创建这些成分。

- **输出组件**：随着用户交互结果改变的应用程序元素，如文本、图形、表格等。根据输出类型，我们用 dash_html_components 库和 dash_core_components 库来创建这些组件。

接下来我们构建一个没有交互的基本应用程序。

9.3.5　构建基本的静态 App

这是本章开始使用 Dash 构建的第一个 App，这个静态 App 非常简单。在本书配套资源的 dash-example-no-user-inputs.py 文件中，你可以找到整个脚本。这种可视化是交互的（这由 Plotly 完成），但这里仅对钻石价格的直方图进行简单可视化。因为用户不能提供输入，所以需要调用这个静态 App。

我们将按照以下步骤创建这个 App：

- 进行必要的导入。

- 导入数据集。

- 创建 App 实例。

- 创建 Plotly 图像。

- 创建布局。

- 运行服务器。

下面是一些必要的导入：

```
import dash
import dash_core_components as dcc
import dash_html_components as html
import plotly.graph_objs as go
import pandas as pd
import os
```

导入需要使用的钻石价格数据集：

```
DATA_DIR = '../data'
FILE_NAME = 'diamonds.csv'
data_path = os.path.join(DATA_DIR, FILE_NAME)
diamonds = pd.read_csv(data_path)
```

下列代码将创建 App 实例：

```
app = dash.Dash(__name__)
```

现在创建 Plotly 直方图的两个主要元素。

- 第一个是 trace。一张图中可以有许多轨迹（Trace）。如果熟悉 Excel 中的绘图，可以把轨迹视为 Excel 图上的序列。因为这是直方图，所以可以使用图形对象

Histogram 来创建它，而且作为输出，仅对 x 轴赋予钻石 DataFrame 的价格列数据：

```
trace = go.Histogram(
        x = diamonds['price']
        )
```

- 在 Plotly 图中几乎总会创建的第二个基本元素是 Layout，可在其中定义元素，如坐标轴标签、标题、图例等。这里只定义标题和轴标签：

```
layout = go.Layout(
        title = 'Diamond Prices',
        xaxis = dict(title='Price'),
        yaxis = dict(title='Count')
        )
```

此时的 Plotly 图已经创建了两个主要元素，现在可以创建图对象。data 参数应该是一列轨迹，这时只有一个轨迹：

```
figure = go.Figure(
        data = [trace],
        layout = layout
        )
```

现在我们来创建 Dash App 的布局。这很简单，它只包含两个 HTML 标题、一个段落和一个图对象，这个图对象包含刚创建的图像。注意，层次最高的组件是一个 HTML div（内容划分元素），它在列表中有 4 个子组件。其中，每个子组件只有一个子组件，即它们对应的内容：

```
app.layout = html.Div(children = [
        html.H1('My first Dash App'),
        html.H2('Histogram of diamond prices'),
        html.P('This is some normal text, we can use it to describe
something about the application.'),
        dcc.Graph(id='my-histogram', figure=figure)
        ])
```

最后两行代码用于开启服务于这个应用程序的本地服务器：

```
if __name__ == '__main__':
    app.run_server(debug=False)
```

这个简单的 App 已经做好了运行的准备。在（Windows 操作系统中的）命令提示符窗口中进行运行时，可以看到类似图 9-1 所示的情况。

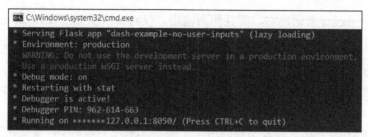

图 9-1

在选好的浏览器上，转到指定的 URL，可以看到图 9-2 所示的情形。

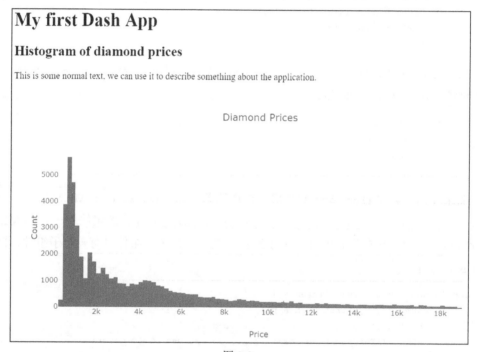

图 9-2

可以注意到，通过缩放、平移等操作，我们可以和直方图进行交互。很好！现在已经做好准备进行下一步，构建一个具有交互功能的 App。

9.3.6　构建基本的交互式 App

现在让我们创建另一个简单的 App，使之能接收用户的输入，具备交互性。这个示例会再次用到钻石价格数据集。具体步骤如下。

- 进行必要的导入。

- 导入数据集。

- 创建 App 实例。

- 导入外部 CSS 文件。

- 创建用于交互的输入。

- 创建布局。

- 创建用于交互的回调函数。

- 运行服务器。

完整的代码参见本书配套资源中的 `dash-example-user-inputs.py` 文件。和以前一样，从导入开始：

```
import dash
import dash_core_components as dcc
import dash_html_components as html
from dash.dependencies import Input, Output
import plotly.graph_objs as go
import pandas as pd
import os
```

下面载入数据集，因为想进行一些简单的可视化，所以这里取一个包含 2000 个观测的样本：

```
DATA_DIR = '../data'
FILE_NAME = 'diamonds.csv'
data_path = os.path.join(DATA_DIR, FILE_NAME)
diamonds = pd.read_csv(data_path)
diamonds = diamonds.sample(n=2000)
```

下面准备好创建 App 实例：

```
app = dash.Dash(__name__)
```

下面导入外部的 CSS 文件，使 App 更好看一些：

```
app.css.append_css({
    'external_url': 'https://codepen.io/chriddyp/pen/bWLwgP.css'
})
```

这个 App 由数据集的两个数值特征形成的散点图组成，要相应为用户创建两个控制，因此需要选择哪一个变量沿着 x 轴分布，哪一个变量沿着 y 轴分布。dash_core_components 库中有许多成分，这里使用了其中的 Dropdown，基于一种交互式的下拉菜单选择一个或更多项目。散点图上的每个变量都需要一个下拉菜单。这个对象通常可以接收至少 3 个输入。

- id：这是用于指代应用程序中对象的标识符。

- options：这是一个形如 {'label': label_for_user, 'value':value} 的字典列表。

- value：这是选择的默认值。

下拉菜单可能的选项是数据集中的数值变量，使用它们可以创建选项的列表：

```
numerical_features = ['price','carat','depth','table','x','y','z']
options_dropdown = [{'label':x.upper(), 'value':x} for x in
numerical_features]
```

下面对 x 轴变量创建下拉菜单，并使用这个下拉菜单作为 div 元素的子组件：

```
dd_x_var = dcc.Dropdown(
        id='x-var',
        options = options_dropdown,
        value = 'carat'
        )
div_x_var = html.Div(
        children=[html.H4('Variable for x axis: '), dd_x_var],
        className="six columns"
        )
```

下面是另一个下拉菜单，用于 y 轴变量：

```
dd_y_var = dcc.Dropdown(
        id='y-var',
        options = options_dropdown,
        value = 'price'
        )
div_y_var = html.Div(
        children=[html.H4('Variable for y axis: '), dd_y_var],
        className="six columns"
        )
```

这里为包含了下拉元素的 div 起一个类名，className="six columns"，这样它们在浏览器中只占据 6 列，最终并排出现。

下面让我们创建这个应用程序的布局。这也很简单，只需要两个标题、一个包含下拉菜单的 div 元素以及图形对象：

```
app.layout = html.Div(children=[
        html.H1('Adding interactive controls'),
        html.H2('Interactive scatter plot example'),
        html.Div(
                children=[div_x_var, div_y_var],
                className="row"
                ),
        dcc.Graph(id='scatter')
        ])
```

接下来，添加交互性。在 Dash 中，交互性通过具有装饰器的函数来实现。装饰器使用将被修正的**输出**，使用对象的 **ID** 和要被修正的性质。它还会使用一列修正的**输入**来更新输出，因此需要提供输入的 id 以及更新的性质。这些原理在下面的示例中会更清楚：

```
@app.callback(
        Output(component_id='scatter', component_property='figure'),
        [Input(component_id='x-var', component_property='value'),
Input(id='y-var', component_property='value')])
def scatter_plot(x_col, y_col):
    trace = go.Scatter(
            x = diamonds[x_col],
            y = diamonds[y_col],
            mode = 'markers'
            )
    layout = go.Layout(
            title = 'Scatter plot',
            xaxis = dict(title = x_col.upper()),
            yaxis = dict(title = y_col.upper())
            )
    output_plot = go.Figure(
            data = [trace],
            layout = layout
            )
    return output_plot
```

可以看到，根据 component_id、输入和输出可以识别应用程序中的对象。component_property 是输出中会改变的性质，也是输入中会读取的性质。这个函数的输出将指派给输出的 component_property，在示例中，它是 **Plotly** 的一个 Figure 对象。

最后的步骤是运行服务器：

```
if __name__ == '__main__':
    app.run_server(debug=True)
```

脚本运行后会转到被指示的 URL，可以看到类似于图 9-3 所示的情况。

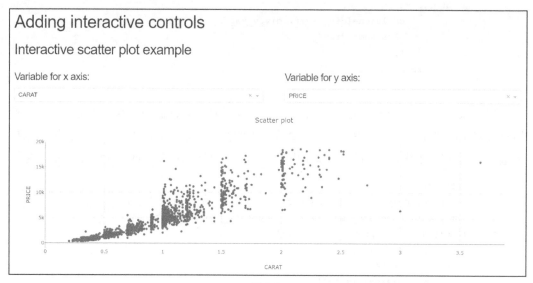

图 9-3

通过使用这个应用程序可以判断，它的工作方式符合预期。

知道了添加交互性的方式后，就该构建钻石价格预测的应用程序了。如果想了解 Dash 交互性的更多内容，可参见其官方网站的教程。

9.4　将预测模型实现为网络应用程序

学了用 Dash 构建交互式网络应用程序的基础知识以后，接下来我们着手准备构建一个应用程序来部署预测模型。这是一个非常简单也很基础的原型。但正如之前所述，构建企业级的应用程序会花费工程师团队的许多时间。

尽管这个应用程序非常简单，在笔者的顾问实践中，已经为客户交付过类似的简单应用程序（既可以用 Python 的 Dash 完成，也可以 R 的 Shiny 完成），他们认为非常有用，可以直接应用于实际项目。

9.4.1　生成预测模型对象

假设已经为 IDR 的管理层展示了模型结果，同时他们对神经网络模型的结果非常满意。他们批准了这个项目，并告知已经准备在自己的业务中应用这个模型。这很好！接下来应该通过网络应用程序交付这个模型。

首先需要运行脚本，这个脚本将用于训练模型，并会生成一个训练好的模型和预测需要的其他两个对象。

这个脚本的代码名为 diamonds-model-training.py，参见本书配套资源。这个脚本中的代码之前曾经展示过。事实上，整本书都构建并解释过下列大部分的代码。接下来的操作遵循以下步骤。

- 导入必要的库。

- 数据载入。

- 数据变换。

代码如下：

```
## Imports
import numpy as np
import pandas as pd
import os
from keras.models import Sequential
from keras.layers import Dense
from sklearn.externals import joblib

## Loading the dataset
DATA_DIR = '../data'
FILE_NAME = 'diamonds.csv'
data_path = os.path.join(DATA_DIR, FILE_NAME)
diamonds = pd.read_csv(data_path)

## Preparing the dataset
diamonds = diamonds.loc[(diamonds['x']>0) | (diamonds['y']>0)]
diamonds.loc[11182, 'x'] = diamonds['x'].median()
diamonds.loc[11182, 'z'] = diamonds['z'].median()
diamonds = diamonds.loc[~((diamonds['y'] > 30) | (diamonds['z']
> 30))]
diamonds = pd.concat([diamonds, pd.get_dummies(diamonds['cut'],
prefix='cut', drop_first=True)], axis=1)
```

```
diamonds = pd.concat([diamonds,
pd.get_dummies(diamonds['color'], prefix='color',
drop_first=True)], axis=1)
diamonds = pd.concat([diamonds,
pd.get_dummies(diamonds['clarity'], prefix='clarity',
drop_first=True)], axis=1)


## Dimensionality reduction
from sklearn.decomposition import PCA
pca = PCA(n_components=1, random_state=123)
diamonds['dim_index'] =
pca.fit_transform(diamonds[['x','y','z']])
diamonds.drop(['x','y','z'], axis=1, inplace=True)
```

接下来，生成对象来训练模型。现在我们已经确定了需要使用的模型，可以使用整个数据集进行训练：

```
## Creating X and y
X = diamonds.drop(['cut','color','clarity','price'], axis=1)
y = np.log(diamonds['price'])


## Standardization: centering and scaling
numerical_features = ['carat', 'depth', 'table', 'dim_index']
from sklearn.preprocessing import StandardScaler
scaler = StandardScaler()
X.loc[:, numerical_features] =
scaler.fit_transform(X[numerical_features])
```

现在创建神经网络模型：

```
## Building the neural network
n_input = X.shape[1]
n_hidden1 = 32
n_hidden2 = 16
n_hidden3 = 8


nn_reg = Sequential()
nn_reg.add(Dense(units=n_hidden1, activation='relu',
input_shape=(n_input,)))
nn_reg.add(Dense(units=n_hidden2, activation='relu'))
nn_reg.add(Dense(units=n_hidden3, activation='relu'))
# output layer
nn_reg.add(Dense(units=1, activation=None))
```

已经准备好训练模型：

```
## Training the neural network
batch_size = 32
n_epochs = 40
nn_reg.compile(loss='mean_absolute_error', optimizer='adam')
nn_reg.fit(X, y, epochs=n_epochs, batch_size=batch_size)
```

最后，这个脚本的关键是生成预测对象。这里有如下 3 个对象。

- PCA 对象，通过 PCA 方法由 x、y 和 z 维度变换得到一个新特征，维度索引。

- 特征定标器。

- 训练好的模型。

这些对象接下来会进行序列化，这样就能在其他程序中使用，无须在每次需要时再进行生成：

```
## Serializing:
# PCA
joblib.dump(pca, './Model/pca.joblib')

# Scaler
joblib.dump(scaler, './Model/scaler.joblib')

# Trained model
nn_reg.save("./Model/diamond-prices-model.h5")
```

这些对象现在已经完成准备，可以用来构建应用程序。

9.4.2 构建网络应用程序

接下来，我们进入构建预测模型的应用服务程序的阶段。完整代码参见本书配套资源中名为 predict-diamond-prices.py 的文件。具体步骤如下。

- 进行必要的导入。

- 创建 App 实例。

- 导入外部 CSS 文件。

- 载入训练好的对象。

- 构建输入组件以及对应的 div。

- 构建预测函数。

和以前一样，第 1 步从导入开始：

```
import dash
import dash_core_components as dcc
import dash_html_components as html
from dash.dependencies import Input, Output

from keras.models import load_model
from sklearn.externals import joblib

import numpy as np
import pandas as pd
```

现在按照第 2 步和第 3 步创建 App 实例并导入 CSS 文件：

```
app = dash.Dash(__name__)
app.css.append_css({
    'external_url': 'https://codepen.io/chriddyp/pen/bWLwgP.css'
})
```

接下来是第 4 步，从前面的脚本载入已经准备好并训练过的对象：

```
model = load_model('./Model/diamond-prices-model.h5')
pca = joblib.load('./Model/pca.joblib')
scaler = joblib.load('./Model/scaler.joblib')
## We have to do this due to some Keras' issue
model._make_predict_function()
```

第 5 步是构建接收用户输入的对象。记住，这里有数值特征和分类特征，数值特征通过使用输入框取值，分类特征通过使用下拉菜单取值。这里有 9 个输入，每个输入都放入自己的 4 列 div（这里正在使用的 CSS 文件将浏览器窗口划分为 12 列）。在这里，数值的取值有 6 个输入：

```
## Div for carat
input_carat = dcc.Input(
    id='carat',
    type='numeric',
    value=0.7)

div_carat = html.Div(
        children=[html.H3('Carat:'), input_carat],
        className="four columns"
        )

## Div for depth
```

```
input_depth = dcc.Input(
    id='depth',
    placeholder='',
    type='numeric',
    value=60)

div_depth = html.Div(
        children=[html.H3('Depth:'), input_depth],
        className="four columns"
        )

## Div for table
input_table = dcc.Input(
    id='table',
    placeholder='',
    type='numeric',
    value=60)

div_table = html.Div(
        children=[html.H3('Table:'), input_table],
        className="four columns"
        )

## Div for x
input_x = dcc.Input(
    id='x',
    placeholder='',
    type='numeric',
    value=5)

div_x = html.Div(
        children=[html.H3('x value:'), input_x],
        className="four columns"
        )

## Div for y
input_y = dcc.Input(
    id='y',
    placeholder='',
    type='numeric',
    value=5)

div_y = html.Div(
        children=[html.H3('y value:'), input_y],
        className="four columns"
```

```
      )

## Div for z
input_z = dcc.Input(
    id='z',
    placeholder='',
    type='numeric',
    value=3)
div_z = html.Div(
        children=[html.H3('z value: '), input_z],
        className="four columns"
        )
```

在这里，类别取值有 3 个输入：

```
## Div for cut
cut_values = ['Fair', 'Good', 'Ideal', 'Premium', 'Very Good']
cut_options = [{'label': x, 'value': x} for x in cut_values]
input_cut = dcc.Dropdown(
    id='cut',
    options = cut_options,
    value = 'Ideal'
    )

div_cut = html.Div(
        children=[html.H3('Cut:'), input_cut],
        className="four columns"
        )

## Div for color
color_values = ['D', 'E', 'F', 'G', 'H', 'I', 'J']
color_options = [{'label': x, 'value': x} for x in color_values]
input_color = dcc.Dropdown(
    id='color',
    options = color_options,
    value = 'G'
    )

div_color = html.Div(
        children=[html.H3('Color:'), input_color],
        className="four columns"
        )

## Div for clarity
clarity_values = ['I1', 'IF', 'SI1', 'SI2', 'VS1', 'VS2', 'VVS1', 'VVS2']
```

```
clarity_options = [{'label': x, 'value': x} for x in clarity_values]
input_clarity = dcc.Dropdown(
    id='clarity',
    options = clarity_options,
    value = 'SI1'
    )


div_clarity = html.Div(
        children=[html.H3('Clarity:'), input_clarity],
        className="four columns"
        )
```

现在我们将这 9 个输入分成 3 组。

- **数值特征**: carat、depth 和 table。

- **维度**: x、y 和 z。

- **分类特征**: cut、color 和 clarity。

对每个组使用一个 div，注意这些分组 div 的子组件是之前已创建的对应 div：

```
## Div for numerical characteristics
div_numerical = html.Div(
        children = [div_carat, div_depth, div_table],
        className="row"
        )


## Div for dimensions
div_dimensions = html.Div(
        children = [div_x, div_y, div_z],
        className="row"
        )


## Div for categorical features
div_categorical = html.Div(
        children = [div_cut, div_color, div_clarity],
        className="row"
        )
```

现在是构建应用程序灵魂的时候，使用这个函数从用户得到取值并生成价格预测：

```
def get_prediction(carat, depth, table, x, y, z, cut, color, clarity):
    '''takes the inputs from the user and produces the price prediction'''
    cols = ['carat', 'depth', 'table',
            'cut_Good', 'cut_Ideal', 'cut_Premium', 'cut_Very Good',
```

```
              'color_E', 'color_F', 'color_G', 'color_H', 'color_I',
    'color_J',
              'clarity_IF','clarity_SI1', 'clarity_SI2', 'clarity_VS1',
    'clarity_VS2','clarity_VVS1', 'clarity_VVS2',
              'dim_index']
    cut_dict = {x: 'cut_' + x for x in cut_values[1:]}
    color_dict = {x: 'color_' + x for x in color_values[1:]}
    clarity_dict = {x: 'clarity_' + x for x in clarity_values[1:]}
    ## produce a dataframe with a single row of zeros
    df = pd.DataFrame(data = np.zeros((1,len(cols))), columns = cols)
    ## get the numeric characteristics
    df.loc[0,'carat'] = carat
    df.loc[0,'depth'] = depth
    df.loc[0,'table'] = table
    ## transform dimensions into a single dim_index using PCA
    dims_df = pd.DataFrame(data=[[x, y, z]], columns=['x','y','z'])
    df.loc[0,'dim_index'] = pca.transform(dims_df).flatten()[0]
    ## Use the one-hot encoding for the categorical features
    if cut!='Fair':
        df.loc[0, cut_dict[cut]] = 1
    if color!='D':
        df.loc[0, color_dict[color]] = 1
    if clarity != 'I1':
        df.loc[0, clarity_dict[clarity]] = 1
    ## Scale the numerical features using the trained scaler
    numerical_features = ['carat', 'depth', 'table', 'dim_index']
    df.loc[:,numerical_features] =
scaler.transform(df.loc[:,numerical_features])
    ## Get the predictions using our trained neural network
    prediction = model.predict(df.values).flatten()[0]
    ## Transform the log-prices to prices
    prediction = np.exp(prediction)
    return int(prediction)
```

非常好！工作已经接近尾声。现在我们构建应用程序的布局。应用程序的布局将展示输出（预测）带有 id='output' 的 H1 组件：

```
## App layout
app.layout = html.Div([
        html.H1('IDR Predict diamond prices'),
        html.H2('Enter the diamond characteristics to get the predicted
price'),
        html.Div(
                children=[div_numerical, div_dimensions, div_categorical]
                ),
```

```
html.H1(id='output',
        style={'margin-top': '50px', 'text-align': 'center'})
])
```

最后，构建使用 9 个输入更新输出的装饰器（回调），并使用 Python 风格的列表解析来构建回调的输入列表：

```
predictors = ['carat', 'depth', 'table', 'x', 'y', 'z', 'cut', 'color',
'clarity']
@app.callback(
        Output('output', 'children'),
        [Input(x, 'value') for x in predictors])
def show_prediction(carat, depth, table, x, y, z, cut, color, clarity):
    pred = get_prediction(carat, depth, table, x, y, z, cut, color,
clarity)
    return str("Predicted Price: {:,}".format(pred))
```

运行服务器的代码如下：

```
if __name__ == '__main__':
    app.run_server(debug=True)
```

大功告成！运行这个应用程序时，你应该会看到类似于图 9-4 所示的情况。

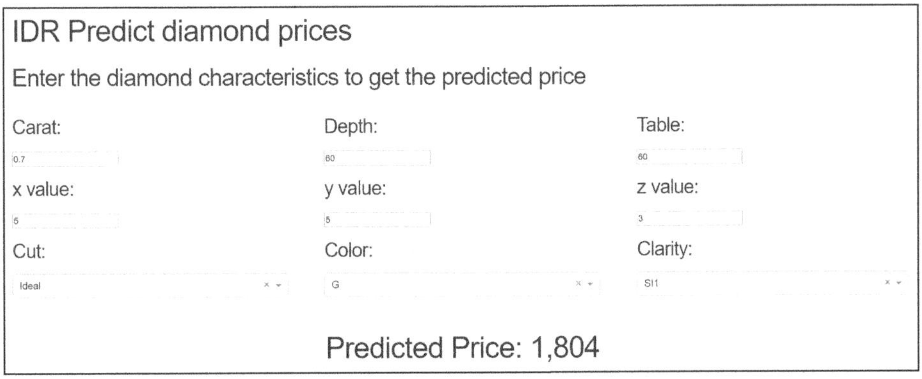

图 9-4

至此，我们已经构建好了一个交互式的网络应用程序，可以提供神经网络模型的输出。

9.5 小结

在本章中，我们介绍了 Dash 的基础知识，并展示了如何用一个实例部署模型。这里讨论的关键点是模型的实现阶段，包括预测分析过程的 3 种主要途径、预测分析模型的应用以及如何使用训练好的模型构建应用程序。

我们还介绍了如何使用 Dash 框架和 Plotly 库构建应用程序。应用程序相应的函数负责读取输入并修正输出，Dash 通过在函数中编写装饰器来提供交互性。

最后，请务必始终牢记，预测分析的要点是解决问题。在部署预测分析模型时，首要的考虑是解决方案应如何满足用户的需求，以及如何构建用户认为最好的解决方案。

扩展阅读

- Knaflic C N, 2015. *Storytelling with data: A data visualization guide for business professional*, John Wiley & Sons, Inc.

- Provost F, Fawcett T, 2013. *Data Science for Business: What you need to know about data mining and data-analytic thinking*, O'Reilly Media.

- Siegel E, 2013. *Predictive analytics: The power to predict who will click, buy, lie, or die*, John Wiley and Sons, Inc.